国家级在线精品课程配套教材

高职高专计算机类专业系列教材

Web 前端技术

(HTML+CSS+JavaScript)

(微课版)

主　编　刘志宝　闫　淼

副主编　齐　宁　白玉羚　郑　茵

西安电子科技大学出版社

内容简介

本书紧贴互联网行业发展对 Web 前端开发工程师岗位的新要求，以基础知识、实例、综合案例相结合的方式系统地讲解了如何使用 HTML、CSS、JavaScript 进行 Web 前端页面开发。

本书依据 1 + X 证书《Web 前端开发职业技能等级标准》(初级)进行内容设计，注重理实结合，以职业能力为核心构建出 9 章内容，包括 Web 技术概述、HTML 基础、HTML 基本元素、HTML 表单页面、CSS 选择器与常用属性、CSS 盒模型与布局属性、JavaScript 基础语法、JavaScript 数据结构、JavaScript 事件与 DOM 操作。

本书配有微课视频、电子课件(PPT)、案例源代码、试题库等数字化教学资源，学习者可以通过扫描书中二维码观看教学视频。本书重印时融入了课程思政内容和党的二十大精神。

本书可作为高职高专、本科层次职业教育试点学校、应用型本科高校计算机类相关专业的教材，亦可作为 1 + X "Web 前端开发" 职业技能等级证书的考前培训或自修教材，还可作为 Web 前端开发、Web 全栈开发技术人员的参考书。

图书在版编目(CIP)数据

Web 前端技术：HTML + CSS + JavaScript：微课版 / 刘志宝，闫淼主编. —西安：西安电子科技大学出版社，2022.8(2023.7 重印)
ISBN 978–7–5606–6499–6

Ⅰ. ①W… Ⅱ. ①刘… ②闫… Ⅲ. ①超文本标记语言—程序设计—教材 ②网页制作工具—教材 ③JAVA 语言—程序设计—教材 Ⅳ. ①TP312.8 ②TP393.092.2

中国版本图书馆 CIP 数据核字(2022)第 095604 号

策　　划	明政珠	
责任编辑	明政珠　秦志峰	
出版发行	西安电子科技大学出版社(西安市太白南路 2 号)	
电　　话	(029) 88202421　88201467	邮　　编　710071
网　　址	www.xduph.com	电子邮箱　xdupfxb001@163.com
经　　销	新华书店	
印刷单位	陕西天意印务有限责任公司	
版　　次	2022 年 8 月第 1 版　　2023 年 7 月第 2 次印刷	
开　　本	787 毫米×1092 毫米　1/16　印张 16	
字　　数	377 千字	
印　　数	1001～3000 册	
定　　价	39.00 元	
ISBN	978–7–5606–6499–6 / TP	

XDUP 6801001–2
***如有印装问题可调换

Web 前端技术在过去一个阶段及未来数十年都将是软件技术领域人才需求最大的技术方向。Web 前端的应用领域无限广阔，已经与物联网、云计算、大数据、人工智能等先进技术紧密结合，形成了大量全新的应用模式及崭新的业态。当前，Web 系统的复杂性不断增加，Web 前端页面内容也越来越丰富，越来越美观。

HTML5 与 CSS3 是下一代 Web 应用技术的基础，它使互联网应用进入全新时代。HTML5 与 CSS3 的出现，使 Web 页面的外观更炫彩，实现技术更简单。jQuery 作为快速、简洁的 JavaScript 库，使用户能够更方便地处理 HTML Documents、Events，以及实现动画效果，并能为网站提供便捷的 AJAX 交互。

2019 年，国务院出台《国家职业教育改革实施方案》，其中明确提出：在职业院校、应用型本科高校启动"学历证书 + 若干职业技能等级证书"制度（即 1 + X 证书制度）试点。"Web 前端开发"职业技能等级证书是教育部启动试点的 1 + X 证书制度首批六个职业技能等级证书之一，其职业技能等级分为初、中、高三级。

本书以 1 + X 证书制度《Web 前端开发职业技能等级标准》为导向，充分考虑到 Web 前端开发从业人员的技术成长路径和职业发展路径，以职业素养、职业技能、知识水平为主要框架结构进行内容设计。书中采用"知识讲解 + 案例实践"的方式，在展示知识的同时，配备实操性强的案例，从原理出发，由案例落地，让读者在理解书中知识的同时，也得到一定的实践训练。本书的目标是帮助读者快速了解和掌握使用 HTML 构建 Web 页面、使用 CSS 优化 Web 页面显示效果、使用 JavaScript 实现动态 Web 页面效果及人机交互。初学者通过本书的学习和综合案例的系统训练，必将能够胜任 Web 前端开发相关岗位的工作。

全书共 9 章，第 1 章是 Web 技术概述，第 2～4 章介绍 HTML 技术，第 5、6 章介绍 CSS 技术，第 7～9 章介绍 JavaScript 应用开发技术，具体内容如下。

第 1 章：Web 技术概述。本章主要介绍 Web 的起源、Web 技术相关概念、Web 前端开发常用工具和 HBuilderX 的使用。

第 2 章：HTML 基础。本章主要介绍 HTML 不同版本的特点、HTML 文档的定义、HTML 中全局标准属性和全局事件属性的使用。

第 3 章：HTML 基本元素。本章主要介绍 HTML 主体元素构成、标题元素的应用、段落元素的应用、格式化元素的应用、图片元素的应用、超链接元素的应用。

第 4 章：HTML 表单页面。本章主要介绍 HTML 中列表元素的应用、表格元素的应用、表单元素的应用、框架元素的应用。

第 5 章：CSS 选择器与常用属性。本章主要介绍 CSS 的基本概念，CSS 三种样式的实现及特点，CSS 的元素选择器、id 选择器、类选择器的应用，CSS 背景属性、字体属性、文本属性、尺寸属性、列表属性、表格属性的应用。

第 6 章：CSS 盒模型与布局属性。本章主要介绍 CSS 盒模型，CSS 内边距、外边距属性的应用，CSS 边框属性和轮廓属性的应用，CSS 浮动属性的应用，CSS 定位属性的应用。

第 7 章：JavaScript 基础语法。本章主要介绍 JavaScript 的基本概念及基本使用方法、变量的定义与应用、数据类型与运算符的应用、控制结构的应用。

第 8 章：Javascript 数据结构。本章主要介绍 JavaScript 中数组的定义、数组的应用，JavaScript 对象的含义及应用。

第 9 章：JavaScript 事件与 DOM 操作。本章主要介绍 JavaScript 事件的概念、DOM、JavaScript 对 DOM 进行操作的方法。

本书主要有以下特色：

❖ 内容新颖全面。内容紧密贴合 1 + X "Web 前端开发" 职业技能等级标准，面向 Web 前端开发、Web 全栈开发真实的岗位需求，精心策划并组织内容，实现教学内容与行业企业融合对接。

❖ 实例真实丰富。知识点循序渐进，通过实例边学边练。每章最后配有综合应用案例，将本章及相邻章节的知识技能融会贯通，帮助读者提升综合应用能力。

❖ 代码规范统一。提供风格统一、格式规范的源代码，培养读者良好的编程习惯。

❖ 视频讲解，精彩详尽。书中每一节都配有精彩详尽的视频讲解，能够引导初学者快速入门。

❖ 本书基于个人、集体、国家多个层面，从精神与道德、理想与情怀、创新与强国多个维度，将劳动精神、工匠精神、职业道德、职业理想、团队意识、民族自信、家国情怀、国家安全、科技创新、技能报国等方面的素材作为思政元素有机融入教材，以润物无声的方式立德树人、铸魂育人。本书相关课程思政内容请读者通过右侧的二维码获取。

课程思政

本书由刘志宝、闫淼担任主编，齐宁、白玉羚、郑茵担任副主编。其中：刘志宝编写第 7、8、9 章，闫淼编写第 5 章，齐宁编写第 1、2、3 章，白玉羚编写第 6 章，郑茵编写第 4 章。

本书对应的 "Web 前端技术" 在线课程获评职业教育 "国家在线精品课程"，被 "国家智慧教育公共服务平台" 收录。本书作为吉林省特色高水平高职专业群建设项目——软件技术专业群的教育教学改革成果获得了中国通信工业协会授予的 "全国计算机类优秀教材" 奖。同时，本书编写团队还承担着吉林省 "Web 前端开发" 培训名优团队重点建设项目。

为方便教师教学，本书配有电子教学课件、代码、教案、教学大纲等相关资源，请有此需要的教师到西安电子科技大学出版社官方网站(https://www.xduph.com/)进行下载。本书在编写过程中得到了各方面的支持，在此一并表示感谢！

本书是一本特色鲜明的理实一体化教材，虽然我们精心组织、认真编辑，但由于水平所限，书中难免存在疏漏与不足，恳请广大读者朋友给予批评和指正。

编　者

2022 年 3 月(2023 年 7 月改)

目录 >>>>>

Web 技术概述

 学习目标

✦ 了解 Web 的由来及其与 Internet 的关系；

✦ 了解 Web 技术相关概念；

✦ 了解 Web 应用开发及 Web 前端开发常用工具；

✦ 掌握 HBuilderX 的使用。

1.1　Web 的 起 源

1. Internet 的诞生

Internet，中文正式译名为因特网，又叫作国际互联网，它是由那些使用公用语言互相通信的计算机连接而成的全球网络。目前 Internet 已经是世界上规模最大、发展最快的计算机互联网。从 1991 年开始 Internet 连网计算机的数量每年翻一番，到 2000 年已有超过 100 万个网络、1 亿台计算机连网，用户数超过 10 亿。截至 2020 年 5 月 31 日，全球互联网

Internet 的诞生

用户数量达到 46.48 亿，占世界人口数量的 59.6%。2000 年至 2020 年，世界互联网用户数量增长了近 12 倍。

Internet 这一影响人们生活的技术源自于美国 1969 年开始实施的 ARPAnet 计划，其目的是建立分布式的、存活力极强的全国性信息网络。1972 年，由 50 所大学和研究机构参与连接的 Internet 网最早的模型 ARPAnet 第一次公开向人们展示。到 1980 年，ARPAnet 成为 Internet 最早的主干网络。20 世纪 80 年代初，两个著名的科学教育网 CSNET 和 BITNET 又先后建立。1984 年，美国国家科学基金会 NSF 规划建立了 13 个国家超级计算中心及国家教育科研网(NSFNET)，替代 ARPAnet 的主干地位。NSFNET 网络于 1989 年改名为 Internet，且向公众开放。随后，Internet 网开始接受其他国家和地区接入。从此，Internet 便在全球各地普及起来。

2. Internet 的主要服务

目前，Internet 已经深入到人们日常生活的方方面面，空闲的时候可以通过网络休闲娱乐，需要沟通的时候可以发送电子邮件或开

Internet 的主要服务

启视频会议，需要生活用品时可以通过网络购物。可以说，日常生活的很多事项都可以通过网络来解决。

Internet 主要有以下几种典型服务：

(1) E-mail：电子邮件。它具有速度快、成本低、方便灵活的优点。用户之间通过发送/接收电子邮件可以实现信息的交换。

(2) FTP(File Transfer Protocol)：文件传输协议。FTP 主要用于文件的分享。由于登录 FTP 的用户名和密码会以明文传输到服务器端，因此在安全性要求高的环境中较少应用。

(3) BBS(Bulletin Board System)：电子公告牌。BBS 主要用于信息的共享和用户之间的互动，现代已发展成为功能全面的社区，可以实现信息公告、线上交谈、分类讨论、经验交流、文件共享等。

(4) WWW(World Wide Web)：简称 3W，也称 Web，是 Internet 上集文本、声音、图像、视频等多媒体信息于一身的全球信息资源网络，是 Internet 的重要组成部分。

3. Web 的诞生

1989 年，在欧洲粒子物理实验室的 Tim Berners-Lee(蒂姆·伯纳斯·李，以下简称为 Tim)提出了一项名为 Information Management 的提议，其核心是建立某种文档访问机制使来自世界各地的远程站点的研究人员能够组织和汇集信息，在个人计算机上访问大量的科研文献，并建议在文档中链接其他文档，这就是 Web 的原型。

Web 的诞生

1989 年夏天，Tim 开发出世界第一个 Web 服务器和第一个 Web 客户机；同年 12 月，将其发明正式命名为 World Wide Web。

1990 年，Tim 以 HTML 为基础在 NeXT 电脑上发明了最原始的 Web 浏览器。

1991 年 8 月 6 日，Tim 建立世界上第一个网站(http://info.cern.ch)。该网站解释了 World Wide Web 是什么，以及如何使用网页浏览器和如何建立一个网页服务器等。至此，Web 正式诞生。

1994 年 10 月，Tim 在麻省理工创立 World Wide Web Consortium(万维网联盟)，该联盟的简称为 W3C，是 Web 技术领域最具有权威和影响力的国际中立性技术标准机构。

1.2 Web 技术相关概念

Web 作为网络中一种访问方式的描述，涉及很多技术名词，下面分别进行介绍。

1. WWW

WWW 可以简称为 3W 或 Web，中文名为万维网，它是 Internet 最核心的部分。万维网是建立在 Internet 上的一种网络服务，为浏览者在 Internet 上查找和浏览信息提供了图形化的、易于访问的直观界面，其中的文档及超级链接将 Internet 上的信息节点组织成一个互为关联的网状结构。WWW 在使用上分为 Web 服务

Web 技术相关概念

器端和 Web 客户端，用户通过 Web 客户端可以访问 Web 服务器端的页面。

2. Website

Website 的中文名称是网站，是指在互联网上根据一定的规则，使用 HTML、CSS、JavaScript 等代码语言制作的用于展示特定内容的相关网页的集合，有可供管理人员操作的后台及供用户使用的前台。简单地说，Website 是一种通信工具，就像布告栏一样，人们可以通过 Website 来发布或访问信息，也可以提供或享受服务。

3. URL

URL(Uniform Resource Locator，统一资源定位器)又称网址，它是对可以从互联网上得到的资源的位置和访问方法的一种简洁的表示，是互联网上标准资源的地址。在 WWW 上浏览或者查询信息，必须在网页浏览器上输入查询目标的地址。

URL 的一般格式如下：

协议：//主机地址(lP 地址) + 目录路径 + 参数。

日常使用的协议主要有 ftp(文件传输协议)、file(本地文件)、telnet(远程登录协议)、http(超文本传输协议)、https(超文本传输安全协议)等，例如：

ftp://java:java@166.111.164.21

file:/// c:/Program Files/Java/jdk1.8.0_172/bin

telnet://192.168.0.234

http://10.0.1.101

https:// www.example.com/test/index.html?key1=valuel&key2=value2

这其中，URL 的参数是提供给服务器的额外参数，紧跟在路径后面，使用 "?" 与路径分割。参数可以有一组或多组，通过键值对的方式进行设置，使用 "=" 连接键值对，多组参数使用 "&" 进行连接。查询参数不是必需的，如果不需要，则可以不出现在 URL 上。

例如，https:// www.example.com/test/index.html?key1=valuel&key2=value2 中 "?" 后面的内容就是查询参数，用 "&" 将两个参数连接起来，key1 和 key2 为参数名，value1 和 value2 为待查询数值。

4. Web 标准

Web 标准(Web Standard)是一系列标准的集合，主要包含结构标准(XML、HTML、XHTML)、表现标准(CSS)、行为标准(DOM、JavaScript)。

5. Web 浏览器

Web 浏览器(简称浏览器)是指可以显示网页服务器或者文件系统中的 HTML 文件内容，并让用户与这些文件交互的一种软件。网页浏览器主要通过 HTTP 协议与网页服务器交互并获取网页，这些网页由 URL 指定，文件格式通常为 HTML，并由 MIME 在 HTTP 协议中指明。

Web 浏览器是计算机中一种重要的应用软件，很多有实力的 IT 企业竞相设计开发自己的浏览器，并不断推出新的版本。下面从主流浏览器的发展历史来讲解它们的特点。

1990 年，科学家 Tim Berners-Lee 开发了世界上第一款 Web 浏览器，为避免与万维网混淆，改名为 Nexus，但不支持图片。

1993 年，伊利诺伊大学的 NCSA 组织创造了第一款可显示图片的浏览器 Mosaic(马赛克)。

1994 年，Mozilla 出现了。不过鉴于当时 Mosaic 的权势，为了避嫌，最终改名为 Netscape Navigator(网景浏览器)。Netscape Navigator 凭借着 HTML 框架显示等新特性，很快成为了新的霸主。

1995 年，Microsoft(微软)公司发布了与其推出的 Windows 操作系统"捆绑"的浏览器 Internet Explorer(IE)，凭借着操作系统的占有率，IE 将 Netscape Navigator 挤下了霸主宝座。

与 IE 浏览器差不多同时诞生的浏览器还有属于挪威电信的 Opera，但它一直不温不火。

2003 年，苹果公司推出了应用于自身操作系统的浏览器 Safari。

2004 年，经过不断的改进，围绕着 Netscape Navigator 浏览器引擎衍生出了人们熟知的 Firefox(火狐)浏览器。

2008 年，Google(谷歌)公司推出 Chrome 浏览器，使得 IE 浏览器逐渐失利。

2015 年，Microsoft(微软)公司为了改变浏览器市场的局面，推出了 Edge 浏览器，这也标志着 IE 浏览器退出了争夺战。

为了更深入地了解浏览器，除了需要了解常见的浏览器有哪些之外，还应了解浏览器的内核。浏览器的内核，也就是浏览器所采用的渲染引擎。渲染引擎决定了浏览器如何显示网页的内容以及页面的形式。由于不同的浏览器内核对网页代码的解释会有所不同，因此同一网页在不同内核的浏览器中的渲染(显示)效果也可能不同，这也是 Web 页面开发者需要在不同内核的浏览器中测试网页显示效果的原因。以下为常用浏览器介绍。

(1) Internet Explorer(IE)浏览器：此款浏览器是 Microsoft(微软)公司为抵抗当时主流的 Netscape Navigator 而创造的。因其与 Windows 操作系统进行了捆绑发行，使得 IE 浏览器的应用依旧较为广泛。IE 浏览器的内核为 Trident，俗称 IE 内核。百度浏览器的内核为 IE 内核。

(2) Opera 浏览器：Opera 桌面浏览器是一款来自挪威的极为出色的浏览器。Opera 具有速度快、节省系统资源、订制能力强、安全性高及体积小等特点。Opera 浏览器的内核最初是自己的 Presto 内核，后来是 Webkit 内核，现在是 Blink 内核。

(3) Chrome 浏览器：Chrome 是一款由 Google(谷歌)公司开发的网页浏览器，具有速度快、不容易崩溃，并且更为灵活、更加安全等特点，同时还包含很多各式各样的插件。Chrome 浏览器此前使用 WebKit 内核，现在使用 Blink 内核，俗称 Chrome 内核。

(4) Firefox(火狐)浏览器：此款 Mozilla 公司旗下的产品，使用的内核为 Gecko，是开源内核，受到了很大的欢迎。

(5) Safari 浏览器：此款浏览器是苹果公司的产品，使用的是 Webkit 内核。

(6) 国产品牌浏览器：如 360 浏览器、猎豹浏览器、2345 浏览器，大多采用 IE + Chrome 双内核模式；又如搜狗浏览器、傲游浏览器、QQ 浏览器，大多是 Trident(兼容模式) + Webkit(高速模式)两种内核的组合模式。

6. Web 服务器

Web 服务器主要提供 Web 浏览服务，服务器是一种被动程序，只有当 Internet 上运行在其他计算机中的浏览器发出访问请求时，服务器才会响应。Web 服务器可以解析

HTTP 协议，能接受 HTTP 请求，会返回 HTTP 响应，这样 Web 浏览器就可以获取到网页(HTML)，以及 CSS、JavaScript、音频、视频等各类资源，经过浏览器的解析、渲染、整合，最终呈现为可被用户浏览的 Web 页面。Web 服务访问请求及响应过程如图 1-1 所示。

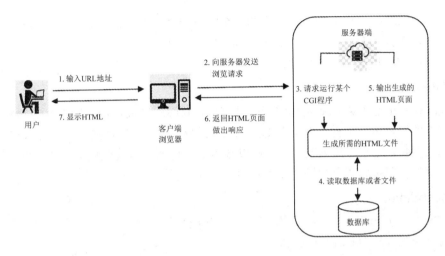

图 1-1　Web 服务访问请求及响应过程

1.3　Web 前端开发常用工具

Web 应用开发分为 Web 前端开发和 Web 后端开发。Web 前端开发主要涉及直接与用户交互的网页，使用的技术包括 HTML、CSS、JavaScript 等。Web 后端开发(即 Web 应用系统的服务端开发)主要涉及 Web 服务、中间件、数据库等。

Web 前端开发
常用工具

"工欲善其事，必先利其器"。单纯从编写代码角度看，完全可以通过记事本软件来进行 Web 前端页面代码的编写，但效率很低。因此，寻找合适的开发工具来提升工作效率是至关重要的。下面列举几个常见的 Web 前端开发工具。

1. EditPlus

EditPlus 是一款小巧但功能强大的可处理文本、HTML 和程序语言的 Windows 编辑器。EditPlus 是可以取代记事本的文字编辑器，拥有无限制的撤销与重做、英文拼字检查、自动换行、列数标记、搜寻取代、同时编辑多文件、全屏幕浏览功能。EditPlus 是一个非常好用的 HTML 编辑器，它除了支持颜色标记、HTML 标记外，还内建完整的 HTML & CSS 指令功能，对于习惯用记事本编辑网页的开发者，能起到事半功倍的效果。

2. Sublime Text

Sublime Text 是一款轻量级的编辑器，优雅小巧、启动速度快，支持多种编程语言。它

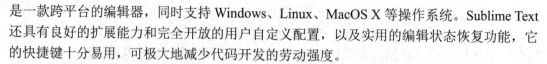

是一款跨平台的编辑器，同时支持 Windows、Linux、MacOS X 等操作系统。Sublime Text 还具有良好的扩展能力和完全开放的用户自定义配置，以及实用的编辑状态恢复功能，它的快捷键十分易用，可极大地减少代码开发的劳动强度。

3. Atom

Atom 是 Github 专门为程序员推出的一个跨平台文本编辑器。它具有简洁和直观的图形用户界面，支持 HTML、CSS、JavaScript 等网页编程语言。Atom 支持宏，可以自动完成分屏功能，同时集成了文件管理器。

4. Dreamweaver

Dreamweaver 是由 Adobe 推出的一套拥有可视化编辑界面，用于制作并编辑网站和移动应用程序的网页设计软件。由于它支持代码、拆分、设计、实时视图等多种方式来创作、编写和修改网页，对于初级人员来说，可以无需编写任何代码就能快速创建 Web 页面。同时，其成熟的代码编辑工具更适用于 Web 开发高级人员的创作。

5. WebStorm

WebStorm 与 IntelliJ IDEA 同源，是 JetBrains 公司旗下的一款开发工具，它被众多开发者誉为“最强大的 HTML5 编辑器”。

6. Visual Studio Code

Visual Studio Code(简称 VSCode)，是一款针对编写现代 Web 和云应用的跨平台源代码编辑器，可运行于 Windows、MacOS 和 Linux 操作系统。VSCode 为开发者们提供了对多种编程语言的内置支持，同时也为这些语言提供了丰富的代码补全和导航功能。

7. HBuilder 和 HBuilderX

HBuilder 是一款优秀的国产 Web 前端开发工具。HBuilderX 是 HBuilder 的升级版，它们都是由 DCloud(数字天堂)公司推出的、专门为 Web 前端开发者服务的通用集成开发环境(IDE)。在 1.4 节将对其进行更加全面的介绍。

1.4 HBuilderX 的使用

HBuilderX 的主体由 Java 编写。它基于 Eclipse，所以自然而然地兼容 Eclipse 的插件。开发便捷是 HBuilderX 的最大优势。HBuilderX 通过完整的语法提示，大幅提升了 HTML、CSS、JavaScript 的开发效率。

1. 下载 HBuilderX

可以在其官网下载最新版的 HBuilderX。HBuilderX 目前支持 Windows 系统和 MacOS 系统(如图 1-2 所示)，下载时应根据计算机系统的实际情况选择适合的版本。在对两种操作系统支持的基础上，HBuilderX 又分为标准版和 App 开发版。完成 Web 前端页面开发，下载标准版即可；如果做 App 开发，则建议下载 App 开发版，否则需要在插件管理中安装 uni-app 插件。

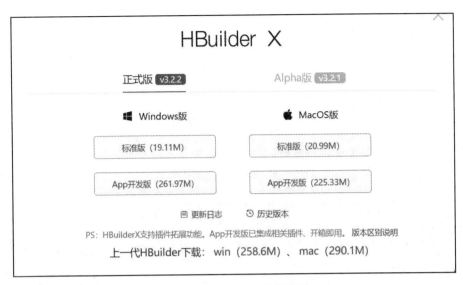

图 1-2　HBuilderX 下载页面

2. 运行 HBuilderX

解压下载到的 HBuilderX 压缩包(如图 1-3 所示)，双击 HBuilderX.exe 运行该软件。

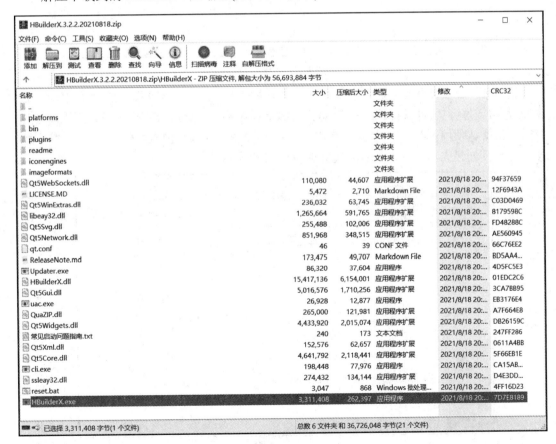

图 1-3　HBuilderX 压缩包

3. 新建项目

进入 HBuilderX 主界面，依次点击"文件"→"新建"→"项目"(或按下 Ctrl + N 组合键)，打开新建项目对话框(如图 1-4 所示)。

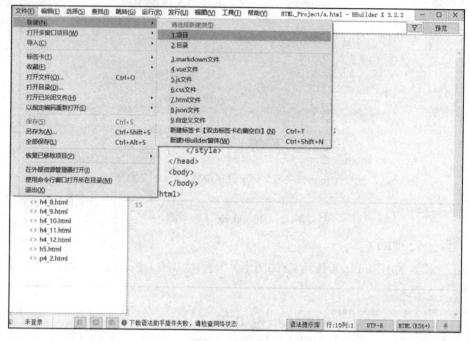

图 1-4 新建项目

接下来，需要填写新项目的基本信息。应在图 1-5 中的 A 处填写新建项目的名称；在 B 处填写(或选择)项目保存的路径(注意：更改此路径后，HBuilderX 会记录，下次新建项目时，将默认使用更改后的路径)；在 C 处选择将要使用的项目模板。然后，点击"创建"按钮，项目创建成功，进入项目开发界面(如图 1-6 所示)。

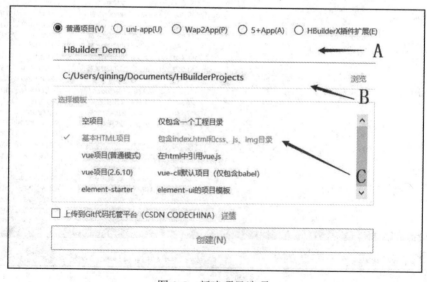

图 1-5 新建项目选项

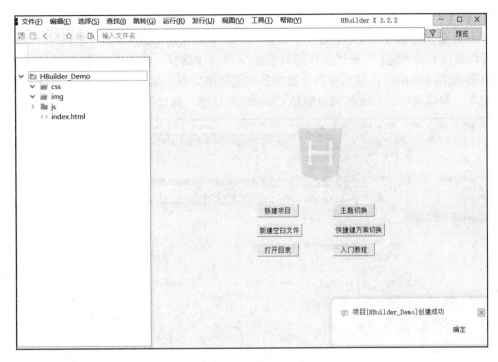

图 1-6　项目开发界面

4. 创建 Web 页面

可以点击创建完成的项目中的 index.html，在代码编辑区进行代码的编写；也可以依次点击 "文件" → "新建" → "html 文件" 来创建新的 Web 页面(如图 1-7 所示)。

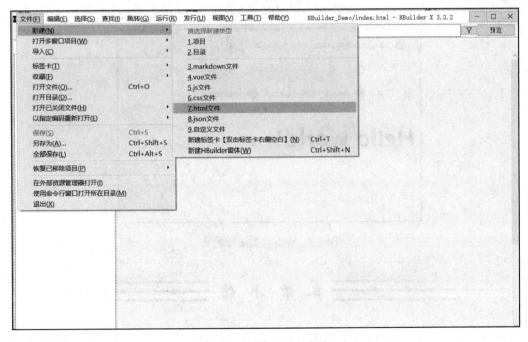

图 1-7　创建 Web 页面

5. 运行 Web 页面

Web 页面代码编写完成后，点击"保存"菜单项(或使用 Ctrl + S 组合键)保存代码。此后，可以依次点击"运行"→"运行到浏览器"，接下来选择一款本地计算机内已经安装好的浏览器(如图 1-8 所示)，该页面将会被加载到这款浏览器上运行，开发者便可看到页面的运行效果。假设运行该页面的浏览器是 Chrome 浏览器，其运行效果如图 1-9 所示。

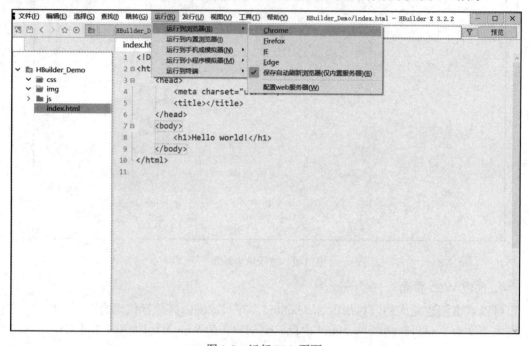

图 1-8　运行 Web 页面

图 1-9　Web 页面运行效果

本 章 小 结

本章首先介绍了 Internet 的历史和 Web 的诞生，接着介绍了 Web 技术相关概念，包括 WWW、WebSite、URL、Web 标准、Web 浏览器、Web 服务器等内容；在介绍 Web 应用开发内涵的基础上，明确了 Web 前端开发需要掌握的内容，包括 HTML、CSS、JavaScript；在介绍了几种 Web 前端开发常用工具的基础上，重点讲解了 HBuilderX 开发工具的使用方法。

习 题 与 实 践

一、选择题

1. Internet 常用的服务中不包括(　　)。

A. E-mail   B. Python   C. FTP   D. WWW

2. Internet 中 URL 的含义是(　　)。

A. 统一资源定位器　　　　　B. Internet 协议

C. 简单邮件传输协议　　　　D. 传输控制协议

3. 谷歌公司所开发的浏览器为(　　)。

A. Opera   B. Safari   C. Chrome   D. Microsoft Edge

二、简答题

1. 简述 Internet 的发展历程。

2. 解释以下 URL 地址的含义：

https://www.baidu.com/s?ie=UTF-8&wd=HTML。

3. 简述 Web 前端开发所需的主要技术。

三、实践演练

在计算机中下载并开启 HBuilderX 集成开发环境，创建名为 myFirstWeb 的项目。

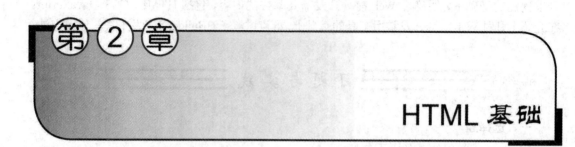

HTML 基础

 学习目标

✦ 了解 HTML 的基本概念;

✦ 了解 HTML 中的全局事件属性;

✦ 熟悉 HTML 的不同版本特点;

✦ 能够正确定义 HTML 文档;

✦ 能够正确使用 HTML 中 8 个基本的全局标准属性。

2.1 HTML 概述

HTML(Hyper Text Markup Language,超文本标记语言),是一种用来制作超文本文档的简单标记语言。超文本传输协议规定了浏览器在运行 HTML 文档时所遵循的规则和进行的操作。这个协议的制定使浏览器在运行超文本时有了统一的规则和标准,用 HTML 编写的超文本文档称为 HTML 文档,它能独立于各种操作系统平台,自 1990 年以来 HTML 就一直被用作 WWW 的信息表示语言。使用 HTML 语言描述的文件,需要通过 Web 浏览器对 HTTP 进行解析显示出效果。

HTML 概述

HTML 文件是用特定的元素作为表示符号以及可识别的 ASCII 字符组成的文本文件。HTML 文件中的元素标识只含有字母、数字、标点符号及其他可打印的字符。通过浏览器对 HTML 文件的解析,可以显示出 Web 页面中各种文字、字形、标题及表格等内容。但是 HTML 并不是一个图文混排的排版软件。

在一个用 HTML 编写的 Web 页中,可以链接图形、图像及声音等多媒体文件,并且可以通过超链接与 Internet 上的其他计算机和服务器中的信息相连接。

2.1.1 标记语言

标记(也称为标签)语言,是一种将文本以及文本相关的其他信息结合起来,用于展现文档结构和数据处理细节的一种语言电脑文字编码。标记语言可对文本相关的其他信息(包括文本的结构和表示信息等)和文本本身进行标记,最终得到了预期的显示效果。

标记语言需要一个运行环境,使其有用。提供运行时环境的元素称为用户代理。常见的标记语言有 XML、HTML、XHTML 等。

2.1.2　HTML 历史

HTML 的出现由来已久，从 1993 年首次以草案的形式发布，再到 2008 年的 HTML5 正式版，中间经历了多次版本升级。

HTML1.0：在 1993 年由互联网工程工作小组(IETF)工作草案发布(并非标准)，众多不同版本 HTML 陆续在全球使用，但是始终未能形成一个广泛的有相同标准的版本。

HTML2.0：HTML2.0 相比初版而言，标记得到了极大的丰富。

HTML3.2：HTML3.2 是在 1996 年提出的规范，注重兼容性的提高，并对之前的版本进行了改进。

HTML4.0：1997 年 12 月推出的 HTML4.0，将 HTML 推向了一个新高度。该版本倡导将文档结构和样式分离，并实现了表格更灵活的控制。

HTML4.01：由 1999 年提出的 4.01 版本是在 HTML4.0 基础上的微小改进。20 世纪 90 年代是 HTML 发展速度最快的时期，但是自 1999 年发布了 HTML4.01 之后，业界普遍认为 HTML 已经步入瓶颈期，W3C 组织开始将 Web 标准的焦点转向 XHTML 上。

XHTML1.0：在 2000 年由 W3C 组织提出，XHTML 是一个过渡技术，结合了部分 XML 的强大功能及大多数 HTML 的简单特性。

XHTML1.1：模块化的 XHTML，是标准的 XML。

XHTML2.0：完全模块化可定制的 XHTML。随着 HTML5 的兴起，XHTML2.0 工作小组被要求停止工作。

2004 年，一些浏览器厂商联合成立了 WHATWG 工作组，致力于 Web 表单和应用程序。此时的 W3C 组织专注于 XHTML2.0。在 2006 年，W3C 组织组建了新的 HTML 工作组，他们采纳了 WHATWG 的意见，并于 2008 年发布了 HTML5。

由于 HTML5 能解决实际的问题，所以在规范还未定稿的情况下，各大浏览器厂家已经开始对旗下产品进行升级以支持 HTML5 的新功能。因此，HTML5 得益于浏览器的实验性反馈并且也得到了持续的完善，同时也以这种方式迅速融入对 Web 平台的实质性改进中。2014 年 10 月，W3C 组织宣布历经 8 年努力，HTML5 标准规范终于定稿。

2.1.3　HTML 的基本结构

HTML 文档是由一系列的元素和标签组成的，元素名不区分大小写。HTML 用标签来规定元素的属性和它在文件中的位置。HTML 超文本文档分文档头和文档体两部分，在文档头里，对这个文档进行了一些必要的定义，文档体中才是要显示的各种文档信息。

下面是一个最基本的 HTML 文档。

【例 2-1】　HTML 基本结构实例(其代码见文档 chapter02_01.html)。

本例代码如下：

```
<html>
    <head>
        <title>第一个 HTML 页面</title>
```

```
        </head>
        <body>
            <h1>我是标题</h1>
            <div>我是内容</div>
        </body>
    </html>
```

在例 2-1 中，<html></html>在文档的最外层，文档中的所有文本和<html>标签都包含在其中，它表示该文档是以超文本标记语言(HTML)编写的。事实上，现在常用的 Web 浏览器都可以自动识别 HTML 文档，并不要求有<html>标签，也不对该标签进行任何操作，但是为了使 HTML 文档能够适应不断变化的 Web 浏览器，还是应该养成保留这对标签的良好习惯。

<head></head>是 HTML 文档的头部标签，在浏览器窗口中，头部信息不显示在正文中，在此标签中可以插入其他标签，用以说明文件的标题和整个文件的一些公共属性。若不需头部信息则可省略此标签(注意：若要养成良好的编程习惯则不省略)。

<title>和</title>是嵌套在<head>头部标签中的，标签之间的文本是文档标题，它被显示在浏览器窗口的标题栏。

<body></body>标签一般不省略，标签之间的文本是正文，是在浏览器中要显示的页面内容。

上面的这几对标签在文档中都是唯一的，<head>标签和<body>标签是嵌套在<html>标签中的。

2.1.4　HTML 的相关基本定义

HTML 文档由元素构成，元素由开始标签、结束标签、属性及元素的内容四部分组成。

1. 标签

标签用来标记内容块，也用来标明元素内容的意义(及语义)，标签使用尖括号包围，如<html>和</html>，这两个标签表示一个 HTML 文档。

标签有两种形式：成对出现的标签和单独出现的标签，无论哪种标签，标签中不能包含空格，如下面所示都是错误的：

```
    <html > ... <html>   或   <html> ...  </ html>
```

1) 成对出现的标签

成对出现的标签包括开始标签和结束标签，如<开始标签>内容</结束标签>。所谓开始标签，即标志着一段内容的开始，例如：

<html>表示 HTML 文档开始了，到</html>结束，从而形成一个 HTML 文档。

<head>和</head>标签描述 HTML 文档的相关信息，之间的内容不会在浏览器窗口上显示出来。

<body>和</body>标签包含所有要在浏览器窗口上显示的内容，也就是 HTML 文件的主体部分。

所谓结束标签，是指和开始标签相对的标签。结束标签比开始标签多一个斜杠(/)。

2) 单独出现的标签

虽然并不是所有的开始标签都必须有结束标签对应，但是建议开始标签最好有一个相对应的结束标签关闭，使得网页易于阅读和修改。但是如果在开始标签和结束标签之间没有内容，就不必这样做，如换行标签就可以写成单独一个
，如"内容
另一些内容
"，其他没有相应的结束标签的标签还有<area>、<base>、<frame>、<hr>、<img>、<input>、<param>、<link>、<meta>等。

3) 标签的嵌套

标签可以放在另外一个标签所能影响的片段中，以实现对某一段文档的多重标签效果，但是要注意必须要正确嵌套标签。

以下写法是错误的：

```
<p><em>Hello Word!</p></em>
```

改正如下：

```
<p><em>Hello World!</em></p>
```

2. 元素

标签是为一个元素的开始和结束做标记，网页内容是由元素组成的，一个元素通常由一个开始标签、内容、其他元素及一个结束标签组成。

如<head>和</head>是标签，但是下面的就是一个 head 元素：

```
<head>
    <title>HTML 中的元素</title>
</head>
```

其中"<title></title>"是标签，但是"<title>HTML 中的元素</title>"则是一个 title 元素，同时这个 title 元素又是嵌套在 head 元素中的另一个元素。

有一些元素有内容，但允许忽略结束标签，例如：

```
<p>我爱中国
<p>I Love China
```

它就等同于：

```
<p>我爱中国</p>
<p>I Love China</p>
```

有的元素甚至可以忽略开始标签，如 html、head、body 元素都可以忽略开始标签。虽然 HTML 标准允许这样做，但是在实际应用中不推荐这样做，因为这会使得文档不易阅读。

3. 属性

与元素相关的特性叫作属性，可以为属性赋值，每个属性对应一个属性值，所以也称为"属性/值"对。"属性/值"出现在元素开始标签的最后一个">"之前，通过空格分割。可以有任意数量的"属性/值"对，并且它们可以以任意顺序出现，但是属性名是不区分大小写的。属性的使用格式如下：

```
<元素 属性='属性/值'>内容</元素>
```

注意：引号可以是单引号，也可以是双引号，如：

```
<元素 属性="属性/值">内容</元素>
```

属性值的定义方式：

1) 不定义属性值

HTML 规定属性也可以没有值，如下所示：

当语句为<dl compact>时，浏览器会使用 compact 属性的默认值，但有的属性没有默认值，因此不能省略属性值。

2) 属性中的空白

属性值可以包含空白，但是这种情况下必须使用引号，因为属性之间是允许使用空白分割的，如下是正确定义的方法：

```
<img src = "c:/Documents and Settings/test.jpg" width = 256 height = 34/>
```

下面则是错误的：

```
<img src = c:/Documents and Settings/test.jpg width = 256 height = 34/>
```

也就是说，定义属性值的时候一定是连续字符序列，如果不是连续序列则要加引号进行标注。

3) 属性中使用单引号或者双引号

单引号和双引号都可以作为属性值。当属性值中具有单引号时，这时就不能再用单引号来包括属性值了，此时就可以用双引号来包括属性值；但是当属性值中有双引号时，属性值中的双引号就要用数字字符引用(&#39)或者字符实体引用(")来代替双引号，如下例：

```
<p title = "欢迎来到"这里"">吉林</p>
```

在 HTML 文件中应写为：

```
<p title = "欢迎来到&quot;这里&quot; ">吉林</p>
```

2.2 HTML 的全局属性

2.2.1 HTML 的全局标准属性

HTML 属性赋予元素意义和语境，所谓全局标准属性是指任何元素都可以使用的属性。在 HTML 规范中，规定了 8 个全局标准属性。

HTML 的全局
标准属性

1. id 属性

id 属性规定 HTML 元素的唯一 id。该属性的值在整个 HTML 文档中必须是唯一的。id 属性可用作链接锚，通过 JavaScript 或通过 CSS 可以为带有指定 id 的标签改变或添加样式、改变动作等。id 属性通常应用在<body>标签内部，在应用过程中应注意，id 属性不能用于下列标签：<base>、<head>、<html>、<meta>、<param>、<script>、<style>、<title>。

该类型的应用实例如例 2-2 所示，其显示效果如图 2-1 所示。

【例 2-2】 id 属性应用实例(其代码见文档 chapter02_02.html)。

本例代码如下：

```
<html lang = "en">
    <head>
        <style>
        #red{
            color:red;
        }
        </style>
    </head>
    <body>
        <h1 id = "red">我爱你中国</h1>
    </body>
</html>
```

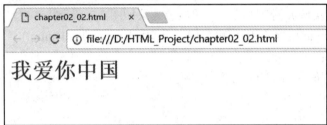

图 2-1　id 属性的应用

2. class 属性

class 属性定义了标签的类名。class 属性通常用于指向样式表的类，但是它也可以用于 JavaScript，通过访问文档元素改变所有具有指定 class 的标签。class 属性不能用于下列标签：<base>、<head>、<html>、<meta>、<param>、<script>、<style>、<title>。

该类型的应用实例如例 2-3 所示，其显示效果如图 2-2 所示。

【例 2-3】　class 属性应用实例(其代码见文档 chapter02_03.html)。

本例代码如下：

```
<html lang = "en">
    <head>
        <style>
        .red{
            color:red;
        }
        </style>
    </head>
    <body>
        <h1 class = "red">我爱你中国</h1>
    </body>
</html>
```

图 2-2　class 属性的应用

3. style 属性规定标签的行内样式

style 属性规定标签的行内样式。style 属性将覆盖任何全局的样式设定，例如在<style>标签或在外部样式表中规定的样式。

该类型的应用实例如例 2-4 所示，其显示效果如图 2-3 所示。

【例 2-4】　style 属性应用实例(其代码见文档 chapter02_04.html)。

本例代码如下：

```html
<html lang = "en">
    <head>
        <title>行内样式</title>
    </head>
    <body>
        <h1 style = "red:yellow; text-align:center">一级标题</h1>
        <p style = "color:red">段落元素</p>
    </body>
</html>
```

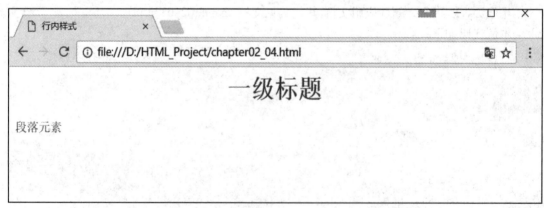

图 2-3　style 属性的应用

4. title 属性规定标签的额外信息

描述信息可在工具提示中显示，这些信息通常会在鼠标移到标签上时显示一段预先定义的提示文本。

该类型的应用实例如例 2-5 所示，其显示效果如图 2-4 所示。

【例 2-5】　title 属性应用实例(其代码见文档 chapter02_05.html)。

本例代码如下：

```
<html lang = "en">
    <head>
        <title>算术运算</title>
    </head>
    <body>
        <p title = "2">1+1 = </p>
    </body>
</html>
```

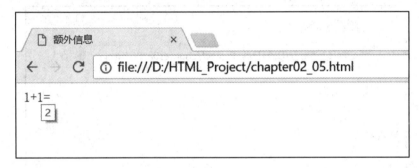

图 2-4　title 属性的应用

5. lang 属性设置标签中内容的语言代码

该属性规定标签内容的语言，属性值为所用语言对应的缩写，用于规定标签内容的语言代码，这对搜索引擎和浏览器是有帮助的。由于 lang 属性涉及标签内容的语言，因此对大部分有文本内容的标签都生效，但这其中也有少量不生效标签，如：<base>、
、<frame>、<frameset>、<hr>、<iframe>、<param>、<script>。

当规定标签内容的语言为英语时，则代码应如下所示：

```
<html lang = "en">
    …
</html>
```

6. dir 属性设置标签中内容的文本方向

dir 的属性值可以有三种情况：① 取值为 ltr 时，是默认值，表示定义从左向右的文本方向，正常显示；② 取值为 rtl 时，表示定义从右向左的文本方向；③ 取值为 auto 时，表示让浏览器根据内容来判断文本方向，仅在文本方向未知时推荐使用。与 lang 属性一样，dir 属性对大部分有文本内容的标签都起作用，但也有少部分不起作用的，如：<base>、
、<frame>、<frameset>、<hr>、<iframe>、<param>、<script>。

该类型的应用实例如例 2-6 所示，其显示效果如图 2-5 所示。

【例 2-6】　dir 属性应用实例(其代码见文档 chapter02_06.html)。

本例代码如下：

```
    <html lang = "en">
        <head>
            <title>文本方向</title>
        </head>
        <body>
            <p dir = "auto">自动对齐</p>
            <p dir = "ltr">左对齐</p>
            <p>默认对齐</p>
            <p dir = "rtl">右对齐</p>
        </body>
    </html>
```

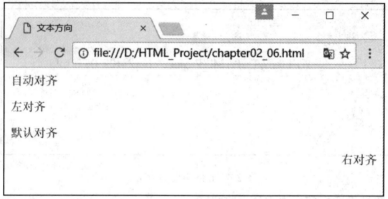

图 2-5   dir 属性的应用

7. accesskey 属性设置访问元素的键盘快捷键

accesskey 属性规定激活(使元素获得焦点)标签的快捷键。注意：在不同操作系统中以及不同的浏览器中访问快捷键的方式不同，但是在大多数浏览器中快捷键可以设置为另外一组组合。支持 accesskey 属性的标签有：<a>、<area>、<button>、<input>、<label>、<legend>、<textarea>。该类型的应用实例如例 2-7 所示。

【例 2-7】   accesskey 属性应用实例(其代码见文档 chapter02_07.html)。

本例代码如下：

```
    <html lang = "en">
        <head>
            <title>快捷键</title>
        </head>
        <body>
            <a href = "http://www.baidu.com" accesskey = "h">百度</a><br>
            <a href = "https://www.163.com" accesskey = "c">网易</a>
        </body>
    </html>
```

运行过程中按住快捷键 Alt + H 可以打开百度网站，按住快捷键 Alt + C 可以打开网易网站，其显示效果如图 2-6 所示。

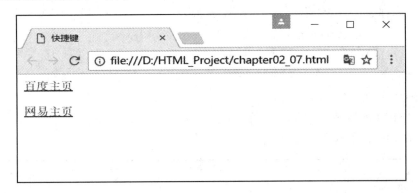

(a) 正确运行页面

(b) 输入 Alt + H 后打开的页面

图 2-6　快捷键运行页面

8. tabindex 属性设置标签的 Tab 键控制次序

tabindex 属性规定当使用 Tab 键进行导航时标签的顺序。标签\<a\>、\<area\>、\<button\>、\<input\>、\<object\>、\<select\>、\<textarea\>支持 tabindex 属性。

该类型的应用实例如例 2-8 所示，其显示效果如图 2-7 所示。

【例 2-8】　tabindex 属性应用实例(其代码见文档 chapter02_08.html)。

本例代码如下：

```
<html lang = "en">
    <head>
        <title>tab 键次序</title>
```

```
        </head>
        <body>
            <a href = "#" tabindex = "2">星期 1</a><br>
            <a href = "#" tabindex = "1">星期 2</a><br>
            <a href = "#" tabindex = "3">星期 3</a>
        </body>
    </html>
```

当第一次按 Tab 键时，聚焦于星期 2 上；当第二次按 Tab 键时，聚焦于星期 1 上；当第三次按 Tab 键时，聚焦于星期 3 上。

图 2-7　tabindex 属性应用

2.2.2　HTML 的全局事件属性

事件可表示为动作。以鼠标为例，移动、点击、悬停都是一种动作，也是事件。

HTML 的全局
事件属性

HTML 文档打开之后，里面内容元素所呈现的外观和方式并不是始终固定不变，它们是可以随着用户的操作而相应地发生变化，此所谓响应用户的动作。我们是通过 HTML 标签的事件属性来对相关动作加以设定的，其中有一部分事件属性是所有 HTML 标签元素都有的，称之为全局事件属性。HTML4 的特性之一是可以使 HTML 事件触发浏览器中的行为，比方说当用户点击某个 HTML 标签时启动一段 JavaScript 程序。在 HTML 中时间既可以通过 JavaScript 直接触发，也可以通过全局事件属性触发。全局事件大致可以分成以下几类。

1. Window 窗口事件

Window 窗口事件常应用的属性如下所示：

- onload：在页面加载完后触发；
- onunload：在离开所运行页面时触发，如单击跳转、关闭窗口等操作。

该事件的应用实例如例 2-9 所示，其显示效果如图 2-8 所示。

【例 2-9】　Window 窗口事件应用实例(其代码见文档 chapter02_09.html)。

本例代码如下：

```
    <html>
        <head>
```

```
        <title>window 窗口事件</title>
        <script>
            function load() {
                alert("页面已经载入！");
            }
        </script>
    </head>
    <body onload="load()">
        <h1>Hello World!</h1>
    </body>
</html>
```

图 2-8　窗口加载事件应用

2. Form 表单事件

Form 表单常应用的属性如下所示：

- onblur：在标签失去焦点时触发；
- onchange：在所选定的标签值或内容被改变时触发；
- onfous：在标签获得焦点时触发；
- onreset：在表单中的重置按钮被单击时触发；
- onselect：在标签中文本被选中后触发；
- onsubmit：在提交表单时触发。

该事件的应用实例如例 2-10 所示。

【例 2-10】　Form 表单事件应用实例(其代码见文档 chapter02_10.html)。

本例代码如下：

```
<html>
    <head>
```

```html
        <title>Form 表单事件</title>
        <script>
            function loseFocus(){
                alert("文本框 1 失去焦点")
            }
            function change(){
                alert("文本框 2 中内容改变")
            }
            function getFocus(){
                alert("文本框 3 获得焦点")
            }
            function showMsg(){
                alert("文本框 4 内容被选中")
            }
        </script>
    </head>
    <body>
        <h4>当元素失去焦点时触发</h4>
        <input type="text" onblur="loseFocus()">
        <h4>在元素的元素值被改变时触发</h4>
        <input type="text" value="Hello" onchange="change()">
        <h4>当元素获得焦点时触发</h4>
        <input type="text" id="fname" onfocus="getFocus( )">
        <h4>在元素中文本被选中后触发</h4>
        <input type="text" value="Hello world!" onselect="showMsg()">
    </body>
</html>
```

3. Keyboard 键盘事件

Keyboard 事件常应用的属性如下所示：

· onkeydown：在用户按下按键时触发；

· onkeypress：在用户按下按键后，持续按压按键时触发。此属性不会对所有按键生效，也就是对 Alt 键、Ctrl 键、Shitf 键、Esc 键不生效。

该事件的应用实例如例 2-11 所示。

【例 2-11】 Keyboard 键盘事件应用实例(其代码见文档 chapter02_11.html)。

本例代码如下：

```html
<html>
    <head>
        <title>键盘事件</title>
```

· 24 ·

```
<script>
    function mykeydown(){
        alert("任意按键被按下")
    }
    function mykeypress(){
        alert("持续按压按键")
    }
    function mykeyup(){
        //将字母转换为大写字母
        var x=document.getElementById("tx");
        x.value=x.value.toUpperCase();
    }
</script>
</head>
<body>
    <p>在用户按下按键时触发</p>
    <input type="text" onkeydown="mykeydown()">
    <p>在用户按下按键后，按着按键时触发</p>
    <input type="text" onkeypress="mykeypress()">
    <p>当用户释放按键时触发</p>
    <input type="text" id="tx" onkeyup="mykeyup()">
</body>
</html>
```

4. Mouse 鼠标事件

Mouse 鼠标事件常应用的属性如下所示：

- onclick：在选定标签上单击鼠标时触发；
- ondbclick：在选定标签上双击鼠标时触发；
- onmousedown：在选定标签上按下鼠标按钮时触发；
- onmousemove：当鼠标指针移动到标签上时触发；
- onmouseout：当鼠标指针移出标签时触发；
- onmouseover：当鼠标指针移动到标签上时触发；
- onmouseup：当在标签上释放鼠标按钮时触发。

该事件的应用实例如例 2-12 所示。

【例 2-12】　Mouse 鼠标事件应用实例(其代码见文档 chapter02_12.html)。

本例代码如下：

```
<html>
    <head>
        <title>鼠标事件</title>
```

```html
<script>
    function myclick(){
        document.getElementById("demo").value="单击";
    }
    function mydbclick(){
        document.getElementById("demo").value="双击";
    }
    function mymouseDown(){
        document.getElementById("demo").value="鼠标按下";
    }
    function mymousemove(){
     document.getElementById("demo").value="鼠标指针移动";
    }
    function mymouseout(){
        document.getElementById("demo").value="鼠标指针移出";
    }
    function mymouseup(){
        document.getElementById("demo").value="鼠标抬起";
    }
</script>
</head>
<body>
    <p>结果区域：<input type="text" id="demo"></p>
    <p><input type="button" value="单击" onclick="myclick()"></p>
    <p><input type="button" value="双击" ondblclick="mydbclick()"></p>
    <p><input type="button" value="鼠标按下" onmousedown="mymouseDown()"></p>
    <p><input type="button" value="鼠标移动" onmousemove="mymousemove()"></p>
    <p><input type="button" value="鼠标移出" onmouseout="mymouseout()"></p>
    <p><input type="button" value="鼠标释放" onmouseup="mymouseup()"></p>
</body>
</html>
```

本 章 小 结

本章介绍了全局标准属性。重点介绍了表单事件、键盘事件、鼠标事件。通过案例，重点讲解了 HTML 中的全局标准属性的使用方法，以及 HTML 全局事件属性的基本概念。

习 题 与 实 践

一、选择题

1. HTML 指的是(　　)。

A. 家庭工具标记语言(Home Tool Markup Language)

B. 超链接和文本标记语言(Hyperlinks and Text Markup Language)

C. 集成电路机械语言(Hyper Transport Machine Language)

D. 超文本标记语言(Hyper Text Markup Language)

2. 下列选项中不是标记语言的是(　　)。

A. XML　　　　　　B. XFTP　　　　　C. HTML　　　　　D. XHTML

3. 用 HTML 标记语言编写一个简单的网页，网页最基本的结构是(　　)。

A. <html> <head>…</head> <frame>…</frame> </html>

B. <html> <title>…</title> <body>…</body> </html>

C. <html> <title>…</title> <frame>…</frame> </html>

D. <html> <head>…</head> <body>…</body> </html>

4. 以下关于 HTML 标签叙述错误的是(　　)。

A. 可以单独出现，也可以成对出现

B. 必须正确嵌套

C. 标签可以带有属性，属性的顺序无关

D. 标签和其属性构成了 HTML 元素

5. 下面语句中可以在页面显示"HTML 概述"的语句是(　　)。

A. <head>HTML 概述</head>　　　　B. <title>HTML 概述</title>

C. <style>HTML 概述</style>　　　　D. <body>HTML 概述</body>

二、简答题

1. 查找相关资料描述 HTML 的发展过程。

2. 说一说你所选择的 HTML 开发工具，并说明选择理由。

3. 描述 HTML 的相关基本定义的过程标签与元素是否有区别？如果有区别，那么区别在哪里？

三、实践演练

运用本章所学知识，完成如图 2-9 所示的页面设计效果。

图 2-9　实践演练页面效果

HTML 基本元素

 学习目标

+ 了解 HTML 的主体标签；
+ 了解标题元素的布局特点；
+ 了解段落元素的定义方法；
+ 掌握主体标签常见用法；
+ 掌握无语义标签<span>和<div>的定义方法；
+ 掌握段落元素的用法；
+ 掌握超链接<a>标签。

3.1 应用 HTML 的主体标签

一个完整的 HTML 文档必须有它的主体标签，通过第 2 章的介绍我们已经大体了解 HTML 文档的基本结构，但如果页面在运行过程中出现乱码等问题，则表明当前的 HTML 文档不是一个完整的 HTML 文档。

HTML 的主体标签

1. 主体标签

一个完整的 HTML 文档大体包含以下标签。

(1) <!DOCTYPE>：声明文档类型。

(2) <html>：HTML 文档中真正的根标签。

(3) <head>：定义 HTML 文档的文档头。

(4) <title>：定义 HTML 文档的标题，其属性值有 dir 和 lang。

(5) <base>：为页面上的所有链接规定默认地址或者默认目标(target)。

(6) <link>：定义文档与外部资源之间的关系，常用于链接 CSS 样式表。

(7) <meta>：提供关于 HTML 的元数据，不会显示在页面，一般用于向浏览器传递信息或者命令，作为搜索引擎，或者用于其他 Web 服务。

(8) <style>：用于为 HTML 文档定义样式信息。

(9) <script>：用于定义客户端脚本，如 JavaScript。

(10) <body>：定义 HTML 文档的文档体。

(11) <meta>：其属性 charset 用于设置文档字符集，可以有如下取值：

① UTF-8：国际通用的编码，通用性强。一个字符占一个字节。

② GB2312：除常用简体汉字字符外，还包括希腊字母、日文平假名及片假名字母、俄语西里尔字母等字符，未收录繁体中文汉字和一些生僻字。一个字符占两个字节。

③ GBK：完全兼容 GB2312，还收录了 GB2312 不包含的汉字部首符号、竖排标点符号等字符。一个字符占两个字节。

④ Big5：收录的汉字只包括繁体汉字，不包括简体汉字。

2. 在文档内定义 CSS

通常文档内的 CSS 要定义在<style>标签内，并且<style>标签还必须位于<head>标签内。例如：

```
<head>
<title>简单的信息注册界面</title>
    <style type="text/css">
    </style>
</head>
```

3. 在文档内定义 JavaScript

为实现页面的动态效果，需要编写相应的 JavaScript 语句，JavaScritp 语句一定要定义在<script>标签内，但 script 不必一定要在<head>标签内。例如：

```
<script type="text/javascript">JavaScript 脚本</script>
```

4. 引入外部 CSS

在实际开发中为减少 HTML 页面部分内容，通常采用 HTML 代码和 CSS 代码分离的情况，这时可以通过 link 标签引入外部资源，其所在位置必须位于<head>标签内。例如引入 html 页面代码同路径下的 style.css 文档：

```
<link rel="stylesheet" href=" style.css" />
```

其中，rel 属性定义引入的是 css；href 属性定义文档的位置，不能省略并且应注意其所在路径。

5. 引入外部 JavaScript 文件

为了更好地实现代码的分析，通常 JavaScript 代码部分独立编写，因此当需要时也可采用引入外部文件的方式。例如引入 HTML 文件同路径下的 attack.js 文件：

```
<script type="text/javascript" src="attack.js"></script>
```

其中，src 属性定义了外链文件位置。同时要注意 script 不必一定要在<head>标签内，同时不要忘记结束符</script>。

3.2　应用 HTML 的无语义标签

语义化，顾名思义，就是所书写的 HTML 代码，它是由一系列带有一定语义的英文字符(标签)构成的。无论对于代码书写者本身，还是其他开发者，HTML 书写的文档都较为容易地阅读和修改。即便对于不从事 Web 开发的非专业人士，HTML 文档也较容易阅读。

虽然 HTML 中大多数标签都有自己的语义(例如：<body>表示

HTML 的无语义标签

主体，<head>表示 HTML 文件信息头，<h1>表示一级标题)，但也存在两个无语义的标签，即<span>和<div>。<span>和<div>的不同之处在于：<span>是内联标签，用在一行文本中，前后衔接紧密，而<div>是块级标签，它等同于其前后有换行。

3.3 应用 HTML 的标题和段落标签

1. HTML 的标题标签

<h1>至<h6>标签可以定义标题。其中，<h1>定义最大的标题，<h6>定义最小的标题。由于<h>元素拥有确切的语义，因此在开发过程中需要选择恰当的标签层级构建文档的结构。通常，<h1>用于最顶层的标题，<h2>、<h3>、<h4>用于较低层级，<h5>和<h6>使用的频率较低。该标签支持全局标准属性和全局事件属性。

HTML 的标题
和段落标签

在实际开发文档过程中，可能还会用到<hr>标签(horizontal rule)，使用该标签会在浏览器中创建一条水平线，可以在视觉上将文档分隔成多个部分。

2. HTML 的段落标签

<p>标签用于定义段落，浏览器会自动在前后创建一些空白。段落的行数需要依赖浏览器的大小。如果调整浏览器窗口的大小，将会改变段落中的行数。如果段落标签的内容中连续出现了很多空格，或者连续出现一个以上的换行，那么浏览器都将解读为一个空格。该标签支持全局标准属性和全局事件属性。

标签定义一个换行，通常在<p>标签内。若要正常地换行，就用到
标签。需要注意的是
标签不是用于分隔段落的。

3.4 应用 HTML 的格式化标签

HTML 定义了具有特殊意义的特殊标签定义的文本，比如，使用标签来格式化输出，如粗体或斜体文本。格式化标签被设计用来显示特殊类型的文本。下面从普通文本、计算机输出讲解格式化标签。

1. 普通文本

可以借助于以下的标签实现页面中的显示字体的设置。

- <b>：定义粗体文本。
- <big>：定义大号体。
- <em>：定义着重文字。
- <i>：定义斜体字。
- <small>：定义小号字。
- <strong>：定义加重语气字。
- <sub>：定义下标字。
- <sup>：定义上标字。

- <ins>：定义插入字。
- <del>：定义删除字。

以上标签的具体应用如例 3-1 所示，运行效果如图 3-1 所示。

【例 3-1】　HTML 格式化标签的应用实例(其代码见文档 charpter03-01.html)。

本例代码如下：

```
<html lang="en">
    <head>
        <meta http-equiv="content-type" content="text/html;charset=UTF-8">
        <title>普通文本格式化</title>
    </head>
    <body>
        <h2>普通文本格式化</h2>
        粗体文本：<b>Web</b>前端<br/>
        大号字：<big>Web</big>前端<br/>
        着重文字：<em>网 Web</em>前端<br/>
        斜体字：<i>Web</i>前端<br/>
        小号字：<smal1>Web</smal1>前端<br/>
        加重语气：<strong>网 Web</strong>前端<br/>
        下标字：<sub>Web</sub>是前端<br/>
        上标字：<sup>Web</sup>前端<br/>
        插入字：<ins>Web</ins>是前端<br/>
        删除字：<del>Web</del>前端<br/>
    </body>
</html>
```

图 3-1　普通文本格式化

2. 计算机输出

当我们需要在页面显示如程序代码等效果时，则可以借助于以下的标签实现页面中输出的一些特定内容的样式。

- <code>：定义计算机代码。

- <kbd>：定义键盘输入样式。
- <samp>：定义计算机代码样式。
- <tt>：定义打字机输入样式。
- <var>：定义变量。
- <pre>：定义预格式文本。与<p>标签不同的是，<pre>标签被包围在 pre 标签中的文本通常会保留空格和换行。

以上标签的具体应用如例 3-2 所示，运行效果如图 3-2 所示。

【例 3-2】 计算机标签应用实例(其代码见文档 charpter03-02.html)。

本例代码如下：

```html
<html lang="en">
  <head>
    <meta http-equiv="content-type" content="text/html;charset=UTF-8">
    <title>计算机输出</title>
  </head>
  <body>
    <h2>计算机输出</h2>
    <strong>普通文字</strong>
    <p>
      void main(){<br/>
          printf("Hello, World! \n");<br/>
      }
    </p>
    <strong>计算机代码</strong><br/>
      <code>
        void main(){<br/>
             printf("Hello, World! \n");<br/>
        }
      </code><br/>
    <strong>键盘输出</strong><br/>
      <kbd>
        void main(){<br/>
              printf("Hello, World! \n");<br/>
        }
      </kbd><br/>
    <strong>计算机代码样式</strong><br/>
      <samp>
        void main(){<br/>
            printf("Hello, World! \n");<br/>
        }
```

```
        </samp><br/>
    <strong>打字机输出</strong><br/>
        <tt>
            void main(){<br/>
                  printf("Hello, World! \n");<br/>
            }
        </tt><br/>
    <strong>定义变量</strong><br/>
        <var>
            void main(){<br/>
                  printf("Hello, World! \n");<br/>
            }
        </var><br/>
    <strong>预定义格式</strong><br/>
        <pre>
            void main(){<br/>
                    printf("Hello, World! \n");<br/>
            }
        </pre><br/>
    </body>
</html>
```

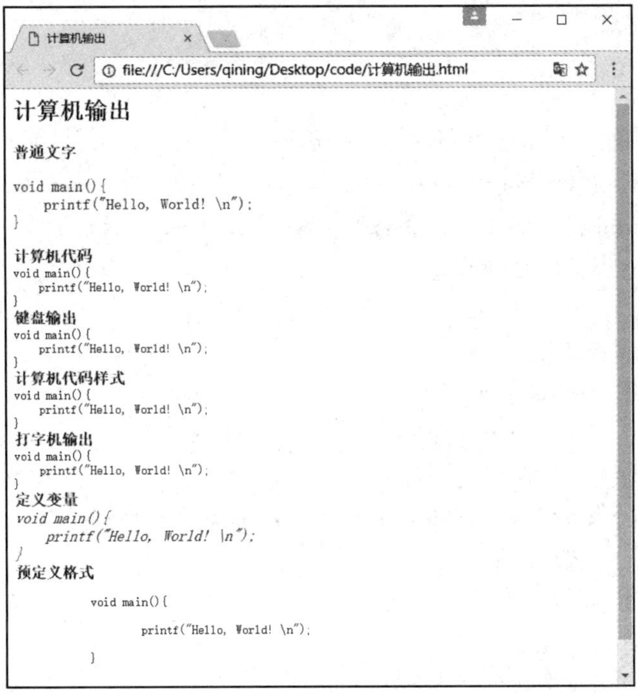

图 3-2 计算机输出

3. 引用和术语

在页面中显示论文或其他要显示引用或术语时可以借助以下标签实现效果。

(1) <abbr>标签定义缩写。其中通过使用 title 属性，能够在鼠标指针移动到该标签上时显示缩写的完整文本。

(2) <acronym>标签定义首字母缩写。在某种程度上与<abbr>标签相同，也是使用 title 属性，这样就能够在鼠标指针移动到该标签上时显示缩写的完整文本。

(3) <address>标签用来定义地址。

(4) <bdo>标签定义文字方向。通过使用 dir 属性，可以表示文字方向，其属性值为 ltr 或者 rtl。

(5) <blockauote>标签定义长的引用。浏览器通常会把<blockauote></blockauote>间的所有文本从常规文本中分离出来，然后前后加上一定宽度的缩进。

(6) <q>标签定义短的引用语。浏览器通常用双引号将<q>标签内容括起来。

(7) <cite>标签定义引用、引证，通常用于著作等。

(8) <dfn>标签定义一个定义项目、缩写、定义等。

以上标签的具体应用如例 3-3 所示，运行效果如图 3-3 所示。

【例 3-3】 引用和术语标签的应用实例(其代码见文档 charpter03-03.html)。

本例代码如下：

```html
<html lang="en">
    <head>
        <meta http-equiv="content-type" content="text/html;charset=UTF-8">
        <title>引用、术语</title>
    </head>
    <body>
        <strong>定义缩写：</strong>
        <abbr title="Denial Of Service">DOS</abbr><br/>
        <strong>定义首字母缩写:</strong>
        <acronym title="Denial Of Service">DOS</acronym><br/>
        <strong>定义地址:</strong>
        <address>天字 1 号大街</address><br/>
        <strong>定义文字方向:<br/></strong>
        左往右：<bdo dir="ltr">我爱北京天安门！</bdo><br/>
        右往左：<bdo dir="rtl">我爱北京天安门！</bdo><br/>
        <strong>定义长的引用：</strong>
        <blockquote>Art is long; life is short.</blockquote><br/>
        <strong>定义短的引用语：</strong>
        <q>子曰</q>人生有限，技艺无穷<br/>
        <strong>定义引用、引证:</strong>
        <cite>好好学习</cite>，天天向上<br/>
        <strong>定义一个定义项目:</strong>
```

<dfn>HTML</dfn>：超文本标记语言

　　　　　</body>

　　　</html>

程序运行结果如图 3-3 所示。

图 3-3　引用、术语页面显示

3.5　应用 HTML 的图片标签

图片作为页面显示效果中不可缺少的要素，也是网页开发中一个很重的应用，这其中就可以通过<img>标签中的属性来控制图片的显示和隐藏。

3.5.1　图片标签

在 HTML 中，<img>标签是用来在网页中嵌入一幅图像的。从技术上讲，图像并不是插入到网页中，而是链接到网页中，<img>标签的作用则是为被引用的图像创建占位符。

<img>标签在网页中很常用，比如引入一个 logo 图片、按钮背景图片、工具图标等。只要是有图片的地方，源代码中基本都有<img>标签(除一些背景图片以外)。

在很多情况下，一张图片可能胜过许多文字描述，但图片过多或过大，也可能会造成用户的等待，甚至让用户不知所措，所以在编写 HTML 文档时，图文使用一定要合理。

<img>标签的语法结构如下所示：

<img src="被引用图像的地址" alt="图像的替代文本">

其中，src 属性是用来指定需要嵌入到网页中的图像的地址的；alt 属性是用来规定图像的替代文本的，当图像不显示时，将显示该属性值内容，搜索引擎会读取该属性值内容作为图像表示的意思，所以搜索引擎优化中需注意该属性。同时要注意 src 属性和 alt 属性是<img>标签的必须属性。虽然 alt 属性不写也不会出错，但是建议必须写上，如果不写，搜索引擎会看不懂图像的意思。还有就是如果图片不能显示了，那么会出现空白，用户也不知道这是什么意思。

图片标签的具体应用如例 3-4 所示，运行效果如图 3-4 所示。

【例 3-4】 图片标签的应用实例(其代码见文档 charpter03-05.html)。

本例代码如下:

```html
<html lang="en">
    <head>
        <meta http-equiv="content-type" content="text/html;charset=UTF-8">
        <title>图片元素</title>
    </head>
    <body>
        <img src="https://www.baidu.com/img/PCtm_d9c8750bed0b3c7d089fa7d55720d6cf.png" alt=
        "百度图标">
    </body>
</html>
```

(a) 网络访问正常时显示的页面　　　　(b) 网络访问不正常时显示的页面

图 3-4　图片的显示页面

3.5.2　图片路径

图片路径正确与否直接决定了当访问正常时页面中的图片内容能否正常显示。由于定义位置的不同图片路径又分为以下两种路径类型。

1. 绝对路径

所谓绝对路径,即图片具有完整的地址。因来源不同又分为完整 URL 地址和完整的电脑地址,其访问内容位置固定。当页面位置变化时会导致图片无法显示,同时网站出于对安全问题、跨域问题等的考虑,在线图片的引用往往采用 URL 绝对路径。例如:

URL 地址:https://www.baidu.com/news/test1.jpg;

电脑地址:c:/web/imgs/02.jpg。

2. 相对路径

所谓相对路径,即从参考点出发的文件路径。由于资源访问方式较为灵活,不会因页面变化导致资源无法访问,因此实际开发中经常采用相对路径的定义方式。

例如要在页面中插入三张不同位置的图片:

页面位置为：c:/web/pic/index.html，所需的图片 1 的位置在：c:/web/pic/imgs/01.jpg，而图片 2 的位置在：c:/web/02.jpg，图片 3 的位置则在：c:/photo/03.jpg。

路径符号"/"表示根目录，当前页面中"/"即代表首页所在目录 c:/web/pic，那么为了在当前页面中显示图片 1，路径则可以写成：src=imgs/01.jpg；如果要显示图片 2，那么路径可以写成：src = ./02.jpg(.表示上一级目录)；如果为了显示图片 3，那么路径则可以写成：src = ./../photo/03.jpg(./../表示上上级目录)。

3.5.3　图片标签属性

<img>标签除了 3.5.1 节讲的必须设置 src 和 alt 属性以外，还可以设置 height、width 属性。当只设置一个值时，例如当 width = 400 px 时，图片会保持等比例缩放，height 值缺省时默认为 auto。除此以外的 align、border、hspace、vspace 等属性，会与后续其他设置产生冲突，因此不做详细介绍。

图片标签属性的具体应用如例 3-5 所示，运行效果如图 3-5 所示。

【例 3-5】　图片标签属性的应用实例(其代码见文档 charpter03-06.html)。

本例代码如下：

```
<html lang="en">
    <head>
        <meta http-equiv = "content-type" content = "text/html;charset = UTF-8">
        <title>图片元素</title>
    </head>
    <body>
        <img src = "https://www.baidu.com/img/PCtm_d9c8750bed0b3c7d089fa7d55720d6cf.png"
alt = "百度图标" width = "100" height = "200">
        <img src = "https://www.baidu.com/img/PCtm_d9c8750bed0b3c7d089fa7d55720d6cf.png"
alt = "百度图标" width = "100">
    </body>
</html>
```

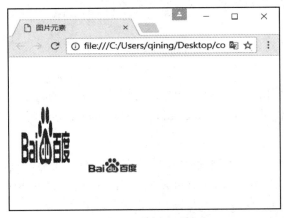

图 3-5　图片标签

3.6　应用 HTML 的超链接标签

3.6.1　超链接简介

HTML 的超链接标签

超链接在本质上属于一个网页的一部分，它是一种允许我们同其他网页或者站点之间进行链接的元素。各个网页链接在一起后，才能真正构成一个网站。所谓的超链接是指从一个网页指向一个目标的连接关系，这个目标可以是另一个网页，也可以是网页上的不同位置，还可以是图片、电子邮件地址、文件、应用程序。

当浏览者单击已经链接的文字或图片后，链接目标将显示在浏览器上，并且根据目标的类型来打开或运行，可以说超链接是 Web 页面和其他媒体的重要特征。

在 HTML 中，创建超链接需要用到<a>、<map>、<area>三种标签，这三种标签均支持全局属性和全局事件属性。

超链标签<a>是内联标签，比如：<a href="http://www.baidu.com">打开百度</a>，<a>标签之间的内容我们称为超链接的载体，可以是文本内容、图片或其他内容。

一个超链接会产生网页跳转动作，这里会产生一个问题"新打开的页面在哪里"，这就需要对<a>标签的 target 属性进行规定，它的默认值为_self,其他的值还有_blank、_parent、_top 等，其含义如表 3-1 所示。

表 3-1　<a>标签的 target 属性的值

值	含　义
_self	在超链接所在框架或者窗口中打开目标页面
_blank	在新浏览器窗口中打开目标页面
_parent	将目标页面载入含有该链接框架的父框架集或者父窗口中
_top	在当前的整个浏览器窗口中打开目标页面，因此会删除所有框架

3.6.2　超链接种类

超链接根据链接的对象的不同，可以分为以下几种类型：

1. 文本链接

文本链接链接的载体是文本信息，如点击页面显示的"打开百度"文字则可以发生跳转，则相应的 HTML 代码应为：<a href="http://www.baidu.com">打开百度</a>。

2. 图片链接

为了使超链接更加美观，有时也会用图片链接，例如在当前页面中有显示文件名为 flower.jpg 的图片，点击跳转至 product.html 的页面，则相应的 HTML 代码为：

```
<a href = "product.html">
    <img src = "flower.jpg">
```

```
</a>
```

其中，链接的载体是 jpg 格式的图片，即<img src="flower.jpg">。超链接的目标可以是 URL，也可以是文件。

3. 锚点链接

锚点链接通常用于页面内索引导航。例如当点击页面显示的"返回顶部"超链接时，则跳转至当前页面中 id 值为 top 的位置，其示例代码如下：

```
<a href = "#top">返回顶部</a>
```

4. 电子邮件链接

电子邮件链接通常会调用系统默认的邮件服务软件，向目标邮箱发送邮件。例如向目标 123456@qq.com 邮箱发送信息，其示例代码如下：

```
<a href = "mailto：123456@qq.com">发 QQ 邮件</a>
```

其中，链接的载体是文本信息，为"发 QQ 邮件"，超链接的目标是 mailto：邮件地址，即 mailto：123456@qq.com。

5. JavaScript 链接

Javascript 链接通常用于代替标签的 onclick 效果。例如要点击"弹出对话框"超链接时弹出警告对话框，则示例代码如下：

```
<a href = "javascript:alert("Hello world")">弹出对话框</a>
```

其中，链接的载体是文本信息，如"弹出对话框"，超链接的目标是 javascript 语句，如 javascript:alert("Hello world")。

3.7　综　合　案　例

本案例综合应用本章所学的图片和文字混合排版，演示了图像标签、标题标签、水平线标签的应用，其代码如例 3-6 所示，显示效果如图 3-6 所示。

【例 3-6】　综合案例(其代码见文档 chapter03_07.html)。

本例代码如下：

```
<html lang="en">
    <head>
        <title>浏览器下载</title>
    </head>
    <body>
        <h2>浏览器下载地址列表</h2>
        <img src="image/1.jpg" width="50" height="50" alt="火狐浏览器" />
            <a href="#">火狐浏览器下载</a>
        <hr/>
        <img src="image/2.jpg" width="50" height="50" alt="360 浏览器" />
            <a href="#">360 浏览器下载</a>
```

```
        <hr/>
        <img src="image/3.jpg" width="50" height="50" alt="QQ 浏览器" />
            <a href="#">QQ 浏览器下载</a>
        <hr/>
        <img src="image/4.jpg" width="50" height="50" alt="谷歌浏览器" />
            <a href="#">谷歌浏览器下载</a>
    <hr/>
    </body>
</html>
```

图 3-6　浏览器下载页面

本 章 小 结

本章主要讲述了 HTML 主体元素标签、主体元素常见用法、无语义元素 span 和 div、段落元素定义方法、段落元素的特点和链接 a 元素。

习 题 与 实 践

一、选择题

1. 下面哪一项是换行符标签？(　　　)

A. \<body\>　　　　　B. \<font\>　　　　　C. \<br\>　　　　　D. \<p\>

2. 下列哪一项是在新窗口中打开网页文档？(　　)

A. _self　　　　　B. _blank　　　　　C. top　　　　　D. parent

3. 为了标识一个 HTML 文件应该使用的 HTML 标签是(　　)。

A. <p></p>　　　　　　　　　　B. <boby></body>

C. <html></html>　　　　　　　　D. <table></table>

4. 以下标签中，用于设置页面标题的是(　　)。

A. <title>　　　　B. <caption>　　　C. <head>　　　D. <html>

5. 以下标签中，不需要对应的结束标签的是(　　)。

A. <body>　　　　B.
　　　　　C. <html>　　　　D. <title>

二、简答题

1. 什么是语义化的 HTML？

2. <image>标签上 title 属性与 alt 属性的区别是什么？

3. 分别写出以下几个效果对应的 HTML 标签：文字加粗、下标、居中、字体。

三、实践演练

按要求完成如图 3-7 所示的操作，其中题目用三级标题，人名加粗显示，正文部分斜体显示。

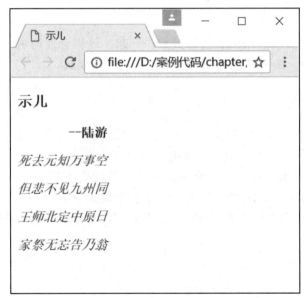

图 3-7　实践演练效果图

HTML 表单页面

 学习目标

✦ 了解 HTML 元素的框架;
✦ 掌握 HTML 中列表元素的使用;
✦ 掌握 table 表格元素的使用。

4.1 应用 HTML 的列表标签

通常人们会将相关信息用列表的形式放在一起,这样会使得内容显得更加有条理性。在 HTML 中提供了以下三种列表模式。

HTML 的列表标签

4.1.1 有序列表

有序列表的前缀通常为数字或者字母,用<ol>定义有序列表,用<li>定义列表项。同样,<ol>的 type 属性定义图形符号的样式,属性值为 1 (数值)、A (大写字母)、Ⅰ(大写罗马数字)、a (小写字母)、i (小写罗马数字)等。

有序列表标签的具体应用如例 4-1 所示,运行效果如图 4-1 所示。

【例 4-1】 有序列表标签的应用实例(其代码见文档 charpter04-01.html)。

本例代码如下:

```html
<!DOCTYPE html>
  <head>
    <title>有序列表</title>
  </head>
  <body>
    <h3>数字</h3>
    <ol type="1">
      <li>Python</li>
      <li>JavaScript</li>
      <li>Java</li>
```

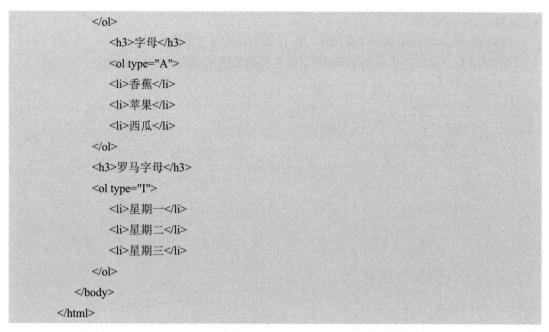

```
            </ol>
                <h3>字母</h3>
                <ol type="A">
                <li>香蕉</li>
                <li>苹果</li>
                <li>西瓜</li>
            </ol>
            <h3>罗马字母</h3>
            <ol type="I">
                <li>星期一</li>
                <li>星期二</li>
                <li>星期三</li>
            </ol>
        </body>
    </html>
```

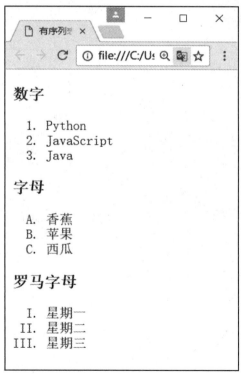

图 4-1　有序列表

4.1.2　无序列表

无序列表的每一项前缀都显示为图形符号，用<ul>定义无序列表，用<li>定义列表项。其中<ul>标签的 type 属性定义图形符号的样式，属性值为 disc(点)、square(方块)、

circle(圆)、none(无)等。

无序列表的具体应用如例 4-2 所示，运行效果如图 4-2 所示。

【例 4-2】 无序列表标签的应用实例(其代码见文档 charpter04-02.html)。

本例代码如下：

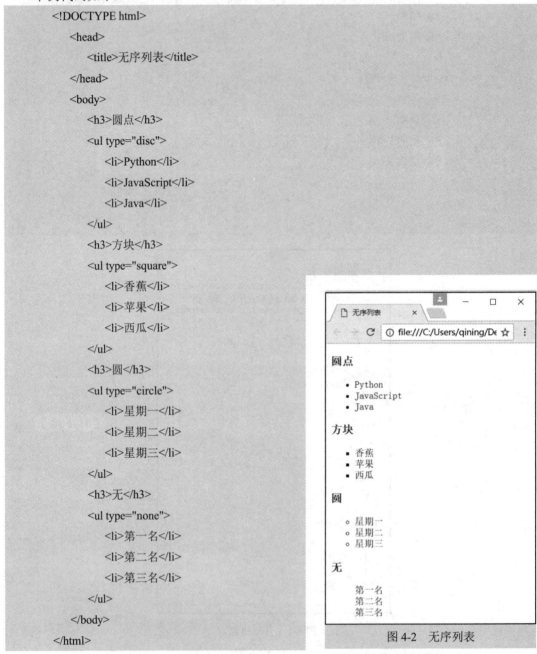

```html
<!DOCTYPE html>
    <head>
        <title>无序列表</title>
    </head>
    <body>
        <h3>圆点</h3>
        <ul type="disc">
            <li>Python</li>
            <li>JavaScript</li>
            <li>Java</li>
        </ul>
        <h3>方块</h3>
        <ul type="square">
            <li>香蕉</li>
            <li>苹果</li>
            <li>西瓜</li>
        </ul>
        <h3>圆</h3>
        <ul type="circle">
            <li>星期一</li>
            <li>星期二</li>
            <li>星期三</li>
        </ul>
        <h3>无</h3>
        <ul type="none">
            <li>第一名</li>
            <li>第二名</li>
            <li>第三名</li>
        </ul>
    </body>
</html>
```

图 4-2 无序列表

4.1.3 自定义列表

自定义列表是一种特殊的列表，它的内容不仅是一列项目，而且是项目及其注释的组合。自定义列表用<dl>标签定义，定义列表内部可以有多个列表项标题，每个列表项标题用<dt>标签定义；列表项标题内部又有多个列表描述，用<dd>标签定义。

自定义列表的具体应用如例 4-3 所示，运行效果如图 4-3 所示。

【例 4-3】　自定义列表标签的应用实例(其代码见文档 charpter04-03.html)。

本例代码如下：

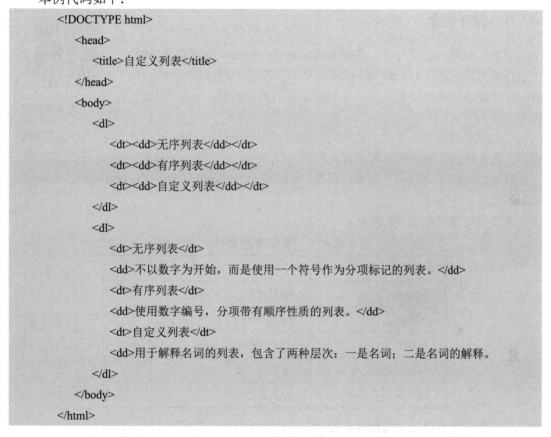

```
<!DOCTYPE html>
    <head>
        <title>自定义列表</title>
    </head>
    <body>
        <dl>
            <dt><dd>无序列表</dd></dt>
            <dt><dd>有序列表</dd></dt>
            <dt><dd>自定义列表</dd></dt>
        </dl>
        <dl>
            <dt>无序列表</dt>
            <dd>不以数字为开始，而是使用一个符号作为分项标记的列表。</dd>
            <dt>有序列表</dt>
            <dd>使用数字编号，分项带有顺序性质的列表。</dd>
            <dt>自定义列表</dt>
            <dd>用于解释名词的列表，包含了两种层次：一是名词；二是名词的解释。
        </dl>
    </body>
</html>
```

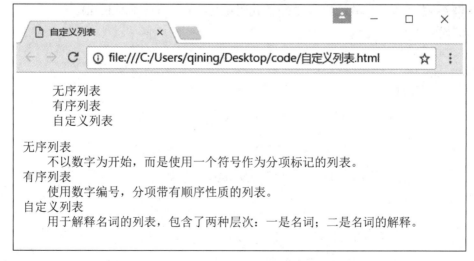

图 4-3　自定义列表

4.2　应用 HTML 的表格标签

4.2.1　表格简介

表格用<table>标签定义，其中表格标题用<caption>标签定义，每个表格均可能有若干行，用<tr>标签定义，而表格中的每行被分隔为若干单元格，用<td>标签定义，作为单元格中的表头时，一般用<th>标签定义。

HTML 的表格标签

当表格分成头部、主体、底部时，就可以用<thead>、<tbody>、<tfoot>三个标签构建表格，每个标签内同样均有若干行。

针对全局标准属性和全局事件属性，<table>、<caption>、<tr>、<th>、<thead>、<tbody>、<tfoot>标签均支持。

表格常用属性如表 4-1 所示。

表 4-1　表格常用属性

属　　性	含　　义
border	设置表格的边框宽度
width	设置表格的宽
height	设置表格的高
cellpadding	设置内边距
cellspacing	设置外边距

表格标签的具体应用如例 4-4 所示，运行效果如图 4-4 所示。

【例 4-4】　表格标签的应用实例(其代码见文档 charpter04-04.html)。

本例代码如下：

```
<!DOCTYPE html>
  <html>
    <head>
      <title>表格</title>
    </head>
  <body>
      <table border="1" cellpadding="5" cellspacing="5">
      <tr>
        <th>人物</th>
        <th>介绍</th>
        <th>产品</th>
```

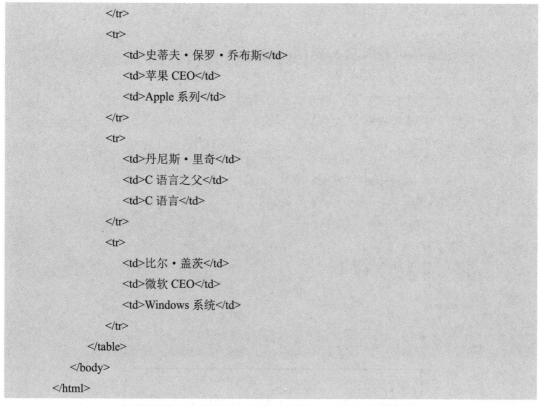

```
            </tr>
            <tr>
                <td>史蒂夫·保罗·乔布斯</td>
                <td>苹果 CEO</td>
                <td>Apple 系列</td>
            </tr>
            <tr>
                <td>丹尼斯·里奇</td>
                <td>C 语言之父</td>
                <td>C 语言</td>
            </tr>
            <tr>
                <td>比尔·盖茨</td>
                <td>微软 CEO</td>
                <td>Windows 系统</td>
            </tr>
        </table>
    </body>
</html>
```

图 4-4　表格

4.2.2　表格调整

当需要对表格中的个别行做出调整时，就可以借助<td>的两个常用属性。其中属性值 colspan 用于定义单元格跨行，而属性值 rowspan 则用于定义单元格跨列。

表格调整具体应用如例 4-5 所示，运行效果如图 4-5 所示。

【例 4-5】　表格调整属性应用实例(其代码见文档 charpter04-05.html)。

本例代码如下：

```
<!DOCTYPE html>
    <head>
        <title>单元格合并</title>
```

```
        </head>
        <body>
            <table border="1" width="400" height="400">
                <tr>
                    <td colspan="2"></td>
                    <td rowspan="2"></td>
                </tr>
                <tr>
                    <td rowspan="2"></td>
                    <td></td>
                </tr>
                <tr>
                    <td colspan="2"></td>
                </tr>
            </table>
        </body>
    </html>
```

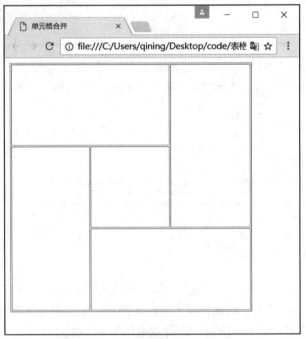

图 4-5 单元格合并

当需要调整整列的样式时，就会用到<colgroup>和<col>。其中，<colgroup>用于对表格的列进行组合，以便对其进行格式化；它的子标签<col>用于为表格中一个或多个列定义属性值。

调整列的具体应用如例 4-6 所示，运行效果如图 4-6 所示。

【例 4-6】　调整列的属性应用实例(其代码见文档 charpter04-06.html)。

本例代码如下：

```
<!DOCTYPE html>
<head>
    <title>单元格样式</title>
</head>
<body>
    <table>
        <caption>奥运金牌榜</caption>
        <colgroup>
            <col bgcolor="green">
            <col bgcolor="gray">
            <col bgcolor="pink">
        </colgroup>
        <tr>
            <th>序号</th>
            <th>国家</th>
            <th>金牌</th>
        </tr>
        <tr>
            <td>1</td>
            <td>中国</td>
            <td>38</td>
        </tr>
        <tr>
            <td>2</td>
            <td>美国</td>
            <td>39</td>
        </tr>
        <tr>
            <td>3</td>
            <td>日本</td>
            <td>27</td>
        </tr>
    </table>
</body>
</html>
```

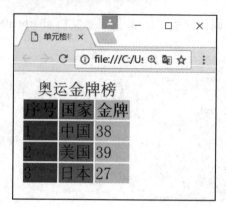

图 4-6　单元格样式

4.3　应用 HTML 的表单标签

4.3.1　表单简介

　　在实际使用中，经常会遇到账号注册、账号登录、搜索、用户调查等输入操作，大部分网站在这些问题的处理上都使用 HTML 表单与用户进行交互。

HTML 的表单标签

　　表单标签允许用户在表单中输入内容，如文本框、文本域、单选框、复选框、下拉列表、按钮等，当用户信息填写完毕后，进行提交操作时，表单就可以将用户在浏览时输入的数据传输到服务端，这样服务器端程序就可以处理表单传递过来的数据。

　　表单标签的具体应用如例 4-7 所示，运行效果如图 4-7 所示。

　　【例 4-7】　表单标签的应用实例(其代码见文档 charpter04-07.html)。

本例代码如下：

```html
<!DOCTYPE html>
<head>
    <title>订单</title>
</head>
<body>
    <h1>订单</h1>
    <form method='post'>
    <table>
      <tr>
        <td>姓名:</td><td><input   name='name' /></td>
      </tr>
      <tr>
        <td>地址:</td>
```

```
                <td><textarea name="address" id="" cols="40" rows="5"></textarea></td>
            </tr>
            <tr>
                <td>国家:</td>
                <td>
                    <select name='country'>
                        <option>中国</option>
                        <option>美国</option>
                    </select>
                </td>
            </tr>
            <tr>
                <td>方式选择:</td>
                <td><input type="radio" name="delivery" id="" value="First Class" />方式 1
                <input type="radio" name="delivery" value="Second" />方式 2
                </td>
            </tr>
            <tr>
                <td>内容区域:</td>
                <td><textarea name="instruction" id="" cols="40" rows="5"></textarea></td>
            </tr>
            <tr>
                <td> </td>
                <td><textarea name="instruction" id="" cols="40" rows="5"></textarea></td>
            </tr>
            <tr>
                <td>选项：</td>
                <td><input type="checkbox" name="catalog" />附加 1</td>
            </tr>
            <tr>
                <td> </td>
                <td><input type="reset" /> <input type="submit" /></td>
            </tr>
        </table>
    </form>
</body>
</html>
```

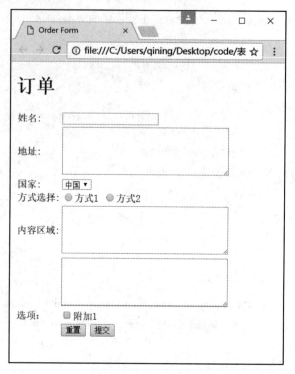

图 4-7　表单页显示

4.3.2　<form>标签

网页内的表单是由<form>标签定义的，其他的表单控件元素必须放在<form>标签内部，否则单击 submit 按钮提交时会丢失参数。

<form>标签的基本语法格式为：

```
<form    action="url 地址"    method="提交方式"    name="表单名称">
    各种表单控件
</form>
```

<form>标签的常用属性如表 4-2 所示。

表 4-2　form 标签常用属性

属　性	含　义
action	用于指定接收并处理表单数据的服务器程序的 url 地址
method	用于设置表单数据的提交方式，其取值为 get 或 post
name	用于指定表单的名称，以区分同一个页面中的多个表单

<form>标签的具体应用如例 4-8 所示，运行效果如图 4-8 所示。

【例 4-8】　<form>标签的应用实例(其代码见文档 charpter04-08.html)。

本例代码如下：

```
<!DOCTYPE html>
<head>
```

```
        <title>用户登录</title>
    </head>
    <body>
        <form method="post" action="result.html">
        <p>名字：<input name="name" type="text"></p>
        <p>密码：<input name="pass" type="password"></p>
        <p>
        <input type="submit" name="Button" value="提交"/>
        <input type="reset" name="Reset" value="重填"/>
        </p>
    </form>
    </body>
</html>
```

图 4-8　用户登录页面

4.3.3　常用表单标签

1. <input>标签：文本域和文件域

(1) 单行文本域的语法格式：

```
    <form>
        <input type = "text" name = "…"/>
    </form>
```

<input>标签常用属性如表 4-3 所示。

表 4-3　<input>标签的常用属性

属　　性	含　　义
name	文字域的名称
maxlength	指用户输入的最大字符长度
size	指定文本框的宽度，以字符个数为单位；文本框的缺省宽度是 20 个字符
value	指定文本框的默认值，规定用户填写输入字段的提示值
placeholder	文字域的名称

(2) 密码框(也是文本域的形式，输入后的文字由"."显示)的语法格式：

```
<form>
    <input type = "password" name = "…"/>
</form>
```

(3) 文件域(不同浏览器，外观显示不同)的语法格式：

```
<form>
    <input type = "file" name = "…" />
</form>
```

以上标签的具体应用如例 4-9 所示，运行效果如图 4-9 所示。

【例 4-9】 表单标签应用实例(其代码见文档 charpter04-09.html)。

本例代码如下：

```
<!DOCTYPE html>
<head>
    <title>input 元素</title>
</head>
<body>
    <p>单行文本域：<input type="text" name="name" maxlength="10" size="30" value="姓名"></p>
    <p>密码框：<input type="password" placeholder="input password"></p>
    <p>文件域：<input type="file"></p>
</body>
</html>
```

图 4-9　input 标签基本应用

2. <input>标签(单选框和复选框)

(1) 单选框的语法格式：

```
<form>
    <input type = "radio" name = "…" value = "…" checked />
    <!--同一组的 name 值要相同-->
</form>
```

(2) 复选框的语法格式：

```
<form>
```

```
    <input type = "checkbox" name = "..." value = "..." checked />
</form>
```

以上标签的具体应用如例 4-10 所示，运行效果如图 4-10 所示。

【例 4-10】　<input>标签(单选框和复选框)的应用实例(其代码见文档 charpter04-10.html)。

本例代码如下：

```
<!DOCTYPE html>
<head>
    <title>单选框和复选框</title>
</head>
<body>
    <form>
        <h4>单选框</h4>
        <input type="radio" name="city" value="beijing" checked>北京</input>
        <input type="radio" name="city" value="tianjin">天津</input>
        <input type="radio" name="city" value="shanghai">上海</input>
        <input type="radio" name="city" value="chongqing">重庆</input>
        <h4>复选框</h4>
        <input type="checkbox" name="city1" value="beijing" checked>北京</input>
        <input type="checkbox" name="city1" value="tianjin" checked>天津</input>
        <input type="checkbox" name="city1" value="shanghai">上海</input>
        <input type="checkbox" name="city1" value="chongqing">重庆</input>
    </form>
</body>
</html>
```

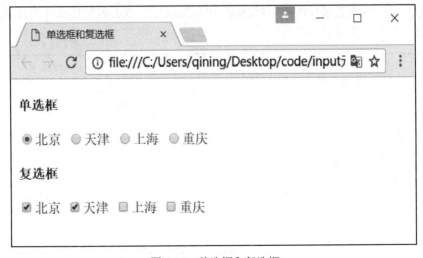

图 4-10　单选框和复选框

3. <input>标签(按钮)

在页面中显示按钮可以通过将<input>标签的属性设置为 button 的方式达到目标,但具体分为以下三种情况。

第一种,当作为普通按钮时,通常需要配合 js 脚本对表单进行相关处理,其 type 的属性值为 button。

第二种,当作为提交按钮时,则需要点击按钮提交表单数据至服务器,其 type 的属性值为 submit。

第三种,当需要清除表单内容,恢复至初始状态时,其 type 的属性值为 reset。

<input>标签(按钮)的具体应用如例 4-11 所示,运行效果如图 4-11 所示。

【例 4-11】 <input>标签(按钮)的应用实例(其代码见文档 charpter04-11.html)。

本例代码如下:

```
<!DOCTYPE html>
<head>
    <title>按钮</title>
</head>
<body>
    <form>
        <h4>文本区域:</h4>
        <textarea name="instruction" id="" cols="40" rows="5"></textarea><br/>
        <input type="button"    value="普通按钮" />
        <input type="submit" value="提交按钮" />
        <input type="reset" value="重置按钮" />
    </form>
</body>
</html>
```

"普通按钮"点击效果如图 4-11(a)所示。"提交按钮"点击效果如图 4-11(b)所示。"重置按钮"点击效果如图 4-11(c)所示。

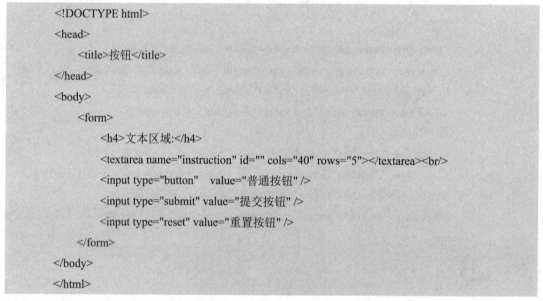

(a) 普通按钮

(b) 提交按钮

(c) 重置按钮

图 4-11　例 4-11 的运行效果

4．<input>标签(图像域和隐藏域)

(1) 图像域(图像提交按钮)的语法格式：

```
<input type="image" name="…" src="imageurl" />
```

(2) 隐藏域的语法格式：

```
<input type="hidden" name="…" value="…" />
```

对于 type 为 hidden 的<input>标签，在 Web 安全领域，防御 CSRF(跨站点请求伪造)时会用到，简单了解即可。

input 标签的具体应用如例 4-12 所示，运行效果如图 4-12 所示。

【例 4-12】　<input>标签(图像域和隐藏域)应用实例(其代码见文档 charpter04-12.html)。

本例代码如下：

```
<!DOCTYPE html>
<head>
    <title>图像域和隐藏域</title>
</head>
<body>
    <form action="post">
        <p>图像提交按钮</p>
        <input type="image" name="图像" src="winter.jpg" />
```

```
            <p>隐藏域</p>
            <input type="hidden" name="内容" value="数据值" />
            <input type="submit" value="提交隐藏域中的值" />
        </form>
    </body>
</html>
```

点击"图像提交"按钮，运行效果如图 4-12(a)所示。点击"提交隐藏域中的值"按钮，运行效果如图 4-12(b)所示。

(a) 图像提交按钮

(b) 点击"提交隐藏域中的值"按钮

图 4-12   例 4-12 的运行效果

5. <select>标签(下拉菜单和列表)

无论是单选按钮，还是多选按钮，当选项很多时就会发现占用的区域较大。在这种情况下，通常用下拉列表或者滚动列表来完成。

<select>标签的基本语法格式如下：

```
<select>
    <option value="…">选项</option>
    <option value="…">选项</option>
    …
</select>
```

<select>标签的常用属性如表 4-4 所示。

表 4-4　<select>标签的常用属性

属　　性	含　　义
name	设置下拉菜单和列表的名称
multiple	设置可选择多个选项
size	设置列表中可见选项的数目

<option>标签常用属性如表 4-5 所示。

表 4-5　<option>标签常用属性

属　　性	含　　义
selected	设置选项初始选中状态
value	定义送往服务器的选项值

<select>标签的具体应用如例 4-13 所示，运行效果如图 4-13 所示。

【例 4-13】　<select>标签的应用实例(其代码见文档 charpter04-13.html)。

本例代码如下：

```
<!DOCTYPE html>
<head>
    <title>列表</title>
</head>
<body>
    <form>
        你的家乡：
        <select name="homeplace">
            <option value="changchun">长春</option>
            <option value="jilin">吉林</option>
            <option value="siping">四平</option>
            <option value="liaoyuan">辽源</option>
            <option value="tonghua">通化</option>
            <option value="baishan">白山</option>
```

```
                <option value="baicheng">白城</option>
                <option value="yanbian">延边</option>
                <option value="songyuan">松原</option>
            </select>
            <input type="submit">
        </form>
    </body>
</html>
```

图 4-13   <select>标签的应用效果

当有多个选项内容需要同时显示时，我们可以通过 multiple 属性或者 size 属性设置要显示的项目数。这时标签的具体应用如例 4-14 所示，运行效果如图 4-14 所示。

【例 4-14】   multiple 属性或 size 属性应用实例(其代码见文档 charpter04-14)。

本例代码如下：

```
<!DOCTYPE html>
<head>
    <title>下拉菜单</title>
</head>
<body>
    <form action="">
        什么时候开始接触计算机？
        <select name="age" size="4">
            <option value="0">0-10 岁</option>
            <option value="10">11-20 岁</option>
            <option value="20">21-30 岁</option>
            <option value="30">31-40 岁</option>
            <option value="40">41 岁以上</option>
```

```
            </select>
        </form>
    </body>
</html>
```

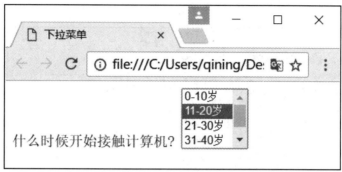

图 4-14 下拉菜单

6. <textarea>标签(多行文本框)

<textarea>标签定义一个多行的文本输入控件。文本区域中可容纳无限数量的文本，其中文本的默认字体是等宽字体(通常是 Courier)。我们可以通过 cols 和 rows 属性来规定 textarea 的尺寸大小，不过更好的办法是使用 CSS 的 height 和 width 属性。

<textarea>标签的基本语法格式如下：

```
<textarea name="…" rows="…" cols="…" …>
    内容…
</textarea>
```

<textarea>标签常用属性如表 4-6 所示。

表 4-6 <textarea>标签常用属性

属 性	含 义
name	设置文本区的名称
placeholder	设置描述文本区域预期值的简短提示
rows	设置文本区内的可见行数
cols	设置文本区内的可见宽度

<textarea>标签的具体应用如例 4-15 所示，运行效果如图 4-15 所示。

【例 4-15】 <textarea>标签的应用实例(其代码见文档 charpter04-15.html)。
本例代码如下：

```
<!DOCTYPE html>
<html>
    <head>
        <title>多行文本框</title>
    </head>
        <body>
```

```
        <textarea rows="10" cols="30" placeholder="默认内容">
        我是一个文本框。

        </textarea>
    </body>
</html>
```

图 4-15　多行文本框

4.4　应用 HTML 的框架集标签

大部分网页的制作采用的是 DIV + CSS 布局的方法，但是也有一小部分网页可能采用 Table 布局方式，也可能采用框架集布局方式。Table 布局方式即页面整个使用 table 标签完成，通常在报告单中比较常见。框架集布局用到了 HTML 框架集标签，框架集布局和普通布局的最大不同就是框架集布局可以在同一个浏览器窗口显示一个以上的页面。

HTML 的框架集标签

4.4.1　frameset(框架集标签)

定义一个框架集，用于组织多个窗口，每个框架存有独立的 HTML 文档。<frameset>标签通常用 cols 或者 rows 属性来规定在框架集中存在多少列或者多少行的框架。需要注意的是，不能与<frameset>标签共同使用<body>标签，除非有<noframe>标签，此时需要将<body>标签放在<noframe>标签之中。

<frameset>标签的具体应用如例 4-16 所示，运行效果如图 4-16 所示。

【例 4-16】　<frameset>标签的应用实例(其代码见文档 charpter04-16.html)。

本例代码如下：

```
<!DOCTYPE html>
<html>
    <head>
        <title></title>
        <frameset cols="20%, 30%, 50%">
            <frame src="frame1.html"></frame>
            <frame src="frame2.html"></frame>
            <frame src="frame3.html"></frame>
        </frameset>
    </head>
    <body>
    </body>
</html>
```

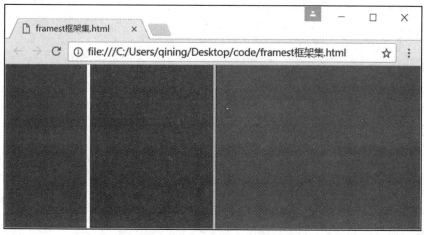

图 4-16　frames 框架集运行效果

4.4.2　iframe(内联框架标签)

　　<iframe>标签的效果与<frame>标签效果相同,但是与<frame>标签还有两点不同之处:一是<iframe>标签用在<body>标签中,创建一个行内框架;二是它是有开始标签和结束标签的,可以将普通文本放入并作为标签的内容,可以应对遇到不支持<iframe>标签的浏览器,显示提示以告示用户。<iframe>标签支持全局标准属性和全局事件属性。另外,它的属性 src、frameborder、scrolling、marginheight、marginwidth 与<frame>标签相同,但增加了如 height 和 width 等几个属性。

　　内联框架标签的具体应用如例 4-17 所示,运行效果如图 4-17 所示。

　　【例 4-17】　内联框架应用示例(其代码见文档 chapter04_17.html)。

Iframe.html 主页面部分代码:

```
<!DOCTYPE html>
<html>
```

```html
<head>
    <title></title>
</head>
<!-- frameborder 是框架的边框 -->
<iframe src="frame1.html" frameborder="0" width="500" height="500"></iframe>
</html>
```

frame1.html 页面部分代码:

```html
<!DOCTYPE html>
<html>
    <head>
        <title></title>
        <meta charset="utf-8">
    </head>
    <body bgcolor="#FF7373">
        <iframe src="frame2.html" frameborder="0" width="400" height="400"></iframe>
    </body>
</html>
```

frame2.html 页面部分代码:

```html
<!DOCTYPE html>
<html>
    <head>
        <title></title>
        <meta charset="utf-8">
    </head>
    <body bgcolor="#7171FF">
        <iframe src="frame3.html" frameborder="0" width="300" height="300"></iframe>
    </body>
</html>
```

frame3.html 页面部分代码:

```html
<!DOCTYPE html>
<html>
    <head>
        <title></title>
        <meta charset="utf-8">
    </head>
    <body bgcolor="#376084">
    </body>
</html>
```

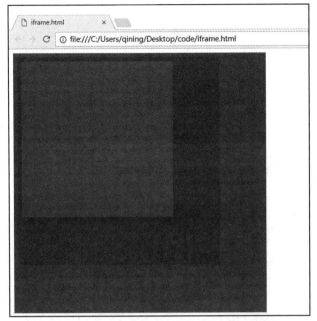

图 4-17　内联框架标签应用效果

4.5　综 合 案 例

本案例综合应用了本章所学的表格属性和表单中的常见标签的知识，具体使用方式可参考本章前面所讲的内容。本案例的代码如例 4-18 所示，显示效果如图 4-18 所示。

【例 4-18】　综合案例(其代码见文档 chapter04_18.html)。

本例代码如下：

```
<!DOCTYPE html>
<html lang="en">
<head>
    <title>表格练习</title>
</head>
<body>
    <table>
        <tr><td width="80px">性  别:</td>
            <td>
                <input type="radio" value="男" name="gender">男</input>
                <input type="radio" value="女" name="gender">女</input>
            </td>
        </tr>
        <tr><td>生  日:</td>
            <td>
```

```
<select>
    <option>-选择年-</option>
    <option>-2022-</option>
    <option>-2021-</option>
    <option>-2020-</option>
</select>
<select>
    <option>-选择月-</option>
    <option>-12-</option>
    <option>-11-</option>
    <option>-10-</option>
</select>
<select>
    <option>-选择日-</option>
    <option>-22-</option>
    <option>-21-</option>
    <option>-20-</option>
</select>
        </td>
</tr>
<tr><td>所在地区:</td>
    <td>
        <input type="text" value="请输入所在地"></input>
    </td>
</tr>
<tr><td>运动项目:</td>
    <td>
        <input type="checkbox" name="sports">足球</input>
        <input type="checkbox" name="sports">篮球</input>
        <input type="checkbox" name="sports">羽毛球</input>
        <input type="checkbox" name="sports">网球</input>
        <input type="checkbox" name="sports">其他</input>
    </td>
</tr>
<tr><td>个人简介:</td>
    <td><textarea cols="40" rows="5"></textarea></td>
</tr>
<tr><td></td>
    <td><input type="button" value="点击注册"></td></tr>
```

```
            <tr><td></td><td><a href="#">我已注册,立即登录</a></td></tr>
        </table>
    </body>
</html>
```

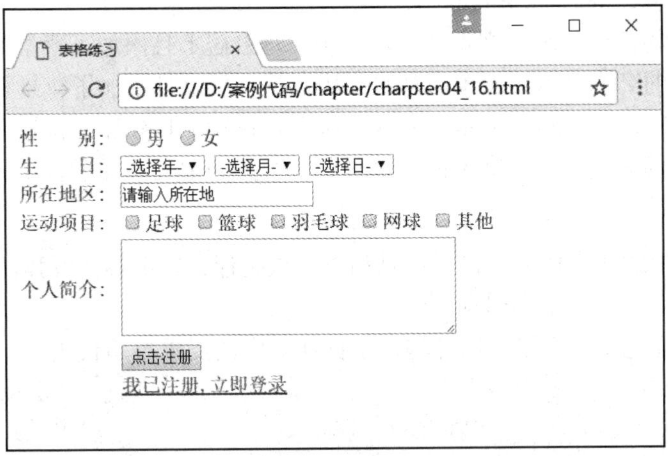

图 4-18 表格练习

═══════ 本 章 小 结 ═══════

　　本章主要介绍了列表元素中有序列表、无序列表、自定义列表的基本用法,并介绍了 HTML 的框架元素中的 frameset 和 iframe 标签,重点讲解了 HTML 中的表单元素的使用。学习完本章可为编写网页打下坚实的基础。

═══════ 习 题 与 实 践 ═══════

一、选择题

1. 下列选项中,定义无序列表的基本语法格式正确的是(　　)。

A. <ul> <li>列表项 1</li> <li>列表项 2</li> … </ul>

B. <ul> <ul>列表项 1</ul> <ul>列表项 2</ul> … </ul>

C. <ul> … </ul>

D. <ul> … </ul> <ul> … </ul> <ul> … </ul>

2. 下列选项中,可用于设置下拉菜单的多项选择功能的是(　　)。

A. size = "1"　　　　　　　　　B. multiple = "multiple"

C. selected = "selected"　　　　D. checked = "checked"

3. 阅读下面代码:

```
<tr height="80" align="center" valign="top" bgcolor="yellow">
    <td>姓名</td>
```

```
    <td>性别</td>
    <td>电话</td>
    <td>住址</td>
  </tr>
```

上面这段代码表示的含义是(　　)。

A. 按照设置的高度显示、文本内容水平居中垂直居上且添加了背景颜色

B. 按照设置的高度显示、文本内容水平居右垂直居上且添加了背景颜色

C. 按照设置的高度显示、文本内容水平居中垂直居中且添加了背景颜色

D. 按照设置的高度显示、文本内容水平居右垂直居中且添加了背景颜色

二、简答题

1. 表单构成中的表单控件、提示信息和表单域是什么？请具体解释。

2. 请简要说明什么是无序列表。

3. 请阅读下面无序列表搭建的结构，根据注释中的要求填写代码。

```
<ul>
    <li _____>T 恤</li>
    <!--指定列表项目符号是空心小圆圈样式-->
    <li>连衣裙</li>
    <li_____>裤子</li>
    <!--指定列表项目符号是小方块样式-->
</ul>
```

三、实践演练

参考列表与表单部分的相关知识，实现图 4-19 所示的效果。

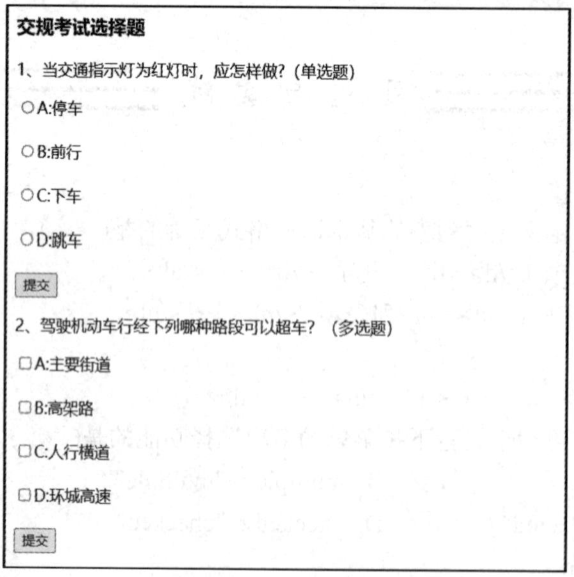

交规考试选择题

1、当交通指示灯为红灯时，应怎样做？(单选题)

○A:停车

○B:前行

○C:下车

○D:跳车

提交

2、驾驶机动车行经下列哪种路段可以超车？(多选题)

□A:主要街道

□B:高架路

□C:人行横道

□D:环城高速

提交

图 4-19　交规考试选择题页面

CSS 选择器与常用属性

 学习目标

- 能够正确使用三种样式单实现元素效果；
- 能够正确使用元素选择器、id 选择器、类选择器实现元素效果；
- 能够正确使用 CSS 背景及简写属性；
- 能够正确使用 CSS 字体及简写属性；
- 能够正确使用 CSS 文本属性；
- 能够正确使用 CSS 尺寸属性；
- 能够正确使用 CSS 列表属性；
- 能够正确使用 CSS 表格属性。

5.1 应用 CSS 样式单实现元素效果

5.1.1 CSS 介绍

1. CSS 概述

CSS(Cascading Style Sheets)为级联样式单，也有人称其为层叠样式单。层叠就是样式可以层层叠加，可以对一个元素多次设置样式，后面定义的样式会对前面定义的样式进行重写，在浏览器中看到的效果是最后一次设置的样式。

CSS 是一种表现语言，是对网页结构语言的补充。CSS 主要用于网页的风格设计。在 HTML 网页中加入 CSS，可以使网页展现更丰富的内容。

2. CSS 历史

CSS1.0 版本：1996 年 12 月发布，该版本提供了文字、颜色、位置、文本属性等基本信息。

CSS2.0 版本：1998 年 5 月发布，该版本提供了比 CSS1.0 更强的 XML 和 HTML 文档的格式化功能。

CSS2.1 版本：是对 CSS2.0 版本的修订，纠正了 CSS2.0 版本中的一些错误，删除和修改了一些属性和行为，2011 年成为标准。

5.1.2 CSS 三种样式单的使用

CSS 三种样式
单的使用

1. 内联样式单

内联样式单将样式属性放置在 HTML 元素 style 属性中,适用于当特殊的样式需要应用到某个 HTML 元素时。style 属性值为一组或多组属性键值对,多个属性键值对使用分号分隔。

(1) 语法。

```
<元素  style = "属性 1:值 1; 属性 2:值 2;…属性 n: 值 n"></元素>
```

(2) 案例。

本案例应用内联样式单,实现将 h1 元素文本颜色设置为红色。代码如例 5-1 所示,显示效果如图 5-1 所示。

【例 5-1】 内联样式单的应用实例(其代码见文档 chapter05_01.html)。

本例代码如下:

```
<!DOCTYPE html>
<html>
    <head>
        <meta charset = "utf-8">
        <title>内联样式单</title>
    </head>
    <body>
        <!-- 案例：实现将 h1 元素文本颜色设置为红色 -->
        <!-- 实现方式：内联样式 -->
        <h1 style = "color:red;">测试文本</h1>
    </body>
</html>
```

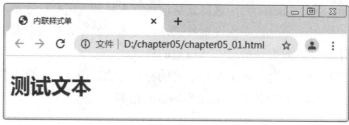

图 5-1　内联样式单实现元素效果

2. 内部样式单

内部样式单将样式属性放置在 head 部分的 style 元素内,适用于当特殊的样式需要应用到某个文件时。style 元素内可以有多个选择器,每个选择器内有一组或多组属性键值对。

(1) 语法。

```
<style type = "text/css" >
    选择器 1{属性 1: 值 1; 属性 2: 值 2; … 属性 n: 值 n}
```

选择器 2{属性 1: 值 1; 属性 2: 值 2; … 属性 n: 值 n}

……

</style>

(2) 案例。

本案例应用内部样式单，实现将 h1 元素文本颜色设置为红色。代码如例 5-2 所示，显示效果如图 5-2 所示。

【例 5-2】　内部样式单应用实例(其代码见文档 chapter05_02.html)。

本例代码如下：

```html
<!DOCTYPE html>
<html>
    <head>
        <meta charset = "utf-8">
        <title>内部样式单</title>
        <!-- 实现方式：内部样式 -->
        <style type = "text/css">
            /* 元素选择器 */
            h1 { color: red; }
        </style>
    </head>
    <body>
        <!-- 案例：实现将 h1 元素文本颜色设置为红色 -->
        <h1>测试文本</h1>
    </body>
</html>
```

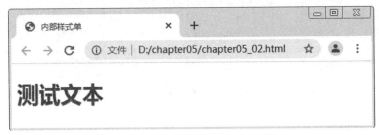

图 5-2　内部样式单实现元素效果

3. 外部样式单

外部样式单将所有样式属性放置在单独的 CSS 文件内，适用于当样式需要应用到多个文件时。

(1) CSS 文件内样式语法：与内部样式 style 元素内语法要求一致，即

选择器 1{属性 1: 值 1; 属性 2: 值 2; … 属性 n: 值 n}

选择器 2{属性 1: 值 1; 属性 2: 值 2; … 属性 n: 值 n}

……

HTML 文件引入 CSS 文件语法：href 属性值为引用 CSS 文件的相对或者绝对路径。

```
<link rel = "stylesheet" type = "text/css" href = "CSS 文件路径及文件名">
```

(2) 案例。

本案例应用外部样式单，实现将 h1 元素文本颜色设置为红色。CSS 文件代码、HTML 代码如例 5-3 所示，显示效果如图 5-3 所示。

【例 5-3】 外部样式单应用实例(CSS 代码见文档 set.css，HTML 代码见文档 chapter05_03.html)。

CSS 代码如下：

```
h1 {
    color: red;
}
```

HTML 代码如下：

```
<!DOCTYPE html>
<html>
    <head>
        <meta charset = "utf-8">
        <title>外部样式单</title>
        <!-- 引入样式文件 -->
        <link rel = "stylesheet" type = "text/css" href = "css/set.css"/>
    </head>
    <body>
        <!-- 案例：实现将 h1 元素文本颜色设置为红色 -->
        <!-- 实现方式：外联样式 -->
        <h1>测试文本</h1>
    </body>
</html>
```

图 5-3　外部样式单实现元素效果

5.2　应用 CSS 选择器实现元素效果

5.2.1　CSS 基本语法

CSS 基本语法是由选择器以及一条或多条声明两部分组成。

(1) 语法。

选择器{属性 1: 值 1; 属性 2: 值 2; ... 属性 n: 值 n}

说明：选择器用于确定样式修饰的 HTML 元素。声明由一个属性和对应值组成。属性是希望设置的样式属性。每个属性有一个值。属性和值用冒号分开。

CSS 基本语法

一条或多条声明放置在大括号中，多条声明使用英文分号作为间隔。例如：设置 div 元素宽 200 px，高 100 px。CSS 代码：

div{width:200 px; height:100 px;}

说明：

① div 元素是选择器，选择器的种类很多，后续我们将详细介绍三种选择器的书写。

② width、height 是属性，200 px、100 px 是属性值。

③ width:200 px; 是一条声明，同理 height:100 px; 也是一条声明。

(2) 注意事项。

CSS 对大小写不敏感，属性名大小写均可，如 width:100 px; 和 WIDTH:100 px; 均可，但一般 W3C 建议小写。

5.2.2　元素选择器

元素选择器的作用是为 HTML 元素设置相应样式。元素选择器的选择器就是 HTML 元素，如 h1 元素、p 元素等。

元素选择器

(1) 语法。

HTML 元素{属性 1: 值 1; 属性 2: 值 2; ... 属性 n: 值 n}

例如：将 p 元素文本设置为红色。经过分析，确定选择器为 p，属性为 color，值为 red，完整代码为 p { color: red; }。

(2) 注意事项。

① 当设置某个元素选择器后，则 HTML 文档内所有该元素均具有相同的样式。

② 元素选择器大小写均可，如 div 元素，大写的 DIV 和小写的 div 均可，但建议小写。

(3) 案例。

本案例应用元素选择器，实现将所有 p 元素文本颜色设置为红色。代码如例 5-4 所示，显示效果如图 5-4 所示。

【例 5-4】　元素选择器应用实例(其代码见文档 chapter05_04.html)。

本例代码如下：

```
<!DOCTYPE html>
<html>
    <head>
        <meta charset = "utf-8">
        <title>元素选择器</title>
        <style type = "text/css">
            /* 元素选择器 */
```

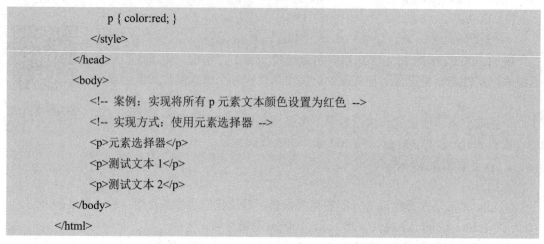

```
            p { color:red; }
        </style>
    </head>
    <body>
        <!-- 案例：实现将所有 p 元素文本颜色设置为红色 -->
        <!-- 实现方式：使用元素选择器 -->
        <p>元素选择器</p>
        <p>测试文本 1</p>
        <p>测试文本 2</p>
    </body>
</html>
```

图 5-4　元素选择器实现元素效果

5.2.3　id 选择器

id 选择器的作用是为具有指定 id 值的 HTML 元素设置相应样式。id 选择器的使用分为两部分：一是定义；二是应用。

(1) 语法。

id 选择器定义时，以#开头，后面为 id 名。

定义语法：

#id 名{属性 1: 值 1; 属性 2: 值 2; … 属性 n: 值 n}

id 选择器应用时，一定是应用在具有 id 属性且值与定义 id 选择器名一致的 HTML 元素上。例如：将 id 属性值为 test 的 p 元素文本颜色设置为绿色。经过分析，确定 id 选择器定义为#test，属性为 color，值为 green，id 选择器定义代码为 #test{color:green;}，id 选择器应用代码为<p id = "test">我是 p 元素</p>。

(2) 注意事项。

① id 名大小写敏感，即 id 定义名与应用名必须大小写一致；

② 一般建议在一个 HTML 文档中，id 选择器只使用一次。

(3) 案例。

本案例应用 id 选择器，实现将 id 属性值为"test"的 p 元素文本颜色设置为绿色。又因为 id 选择器大小写敏感，所以第 2 个 p 元素文本颜色并没有设置为绿色。代码如例 5-5 所示，显示效果如图 5-5 所示。

【例 5-5】　id 选择器应用实例(其代码见文档 chapter05_05.html)。

本例代码如下:

```html
<!DOCTYPE html>
<html>
    <head>
        <meta charset = "utf-8">
        <title>id 选择器</title>
        <style type = "text/css">
            /*id 选择器*/
            #test { color: green; }
        </style>
    </head>
    <body>
        <!-- 案例：实现将 id 值为 test 的 p 元素文本颜色设置为绿色 -->
        <!-- 实现方式：使用 id 选择器 -->
        <p id = "test">id 选择器</p>
        <!-- id 名大小写敏感，即 id 定义名与应用名必须大小写一致 -->
        <p id="Test">测试文本 1</p>
        <p>测试文本 2</p>
    </body>
</html>
```

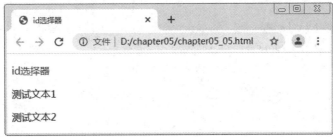

图 5-5　id 选择器实现元素效果

5.2.4　类选择器

类选择器的作用是为具有指定 class 值的 HTML 元素设置相应样式。
类选择器的使用分为两部分：一是定义；二是应用。

(1) 语法。

类选择器定义时，以 . 开头，后面为类名。

定义语法:

类选择器

.class 值{属性 1: 值 1; 属性 2: 值 2; … 属性 n: 值 n}

类选择器应用时，一定是应用在具有 class 属性且值与定义类选择器名一致的 HTML
元素上。例如：将 class 属性值为 test1 的 p 元素文本颜色设置为蓝色。经过分析，确定类

选择器定义为 .test1，属性为 color，值为 blue，类选择器定义代码为 .test1{color:blue;}，类选择器应用代码为<p class = "test1">我是 p 元素 1</p>。

(2) 注意事项。

① 类选择器可以使用多次；

② 类选择器大小写敏感，即定义名与应用名必须大小写一致；

③ class 值中可以包含一个词列表，各个词之间用空格分隔，且词的顺序无关紧要；

④ 类选择器可以结合元素选择器一起使用。

(3) 案例。

本案例应用类选择器，实现将 class 属性值为"test1"的 p 元素文本颜色设置为蓝色。又因为类选择器大小写敏感，所以第 2 个 p 元素文本颜色并没有设置为蓝色。第 3 个 p 元素其 class 属性值为一个词列表，分别使用 .test1、.test2 类选择器实现元素文本颜色为蓝色，背景色为黄色。第 4 个 p 元素使用了类选择器与元素选择器结合的 p.test3 复合选择器，故元素文本颜色设置为红色。代码如例 5-6 所示，显示效果如图 5-6 所示。

【例 5-6】 类选择器应用实例(其代码见文档 chapter05_06.html)。

本例代码如下：

```
<!DOCTYPE html>
<html>
    <head>
        <meta charset = "utf-8">
        <title>类选择器</title>
        <style type = "text/css">
            /*类选择器*/
            .test1 { color:blue; }
            .test2 { background-color: yellow; }
            /*类选择器可以结合元素选择器一起使用*/
            p.test3 { color: red; }
        </style>
    </head>
    <body>
        <!-- 案例：实现将 class 值为 test1 的 p 元素文本颜色设置为蓝色 -->
        <!-- 实现方式：使用类选择器 -->
        <p class = "test1">类选择器</p>
        <!-- 类选择器大小写敏感，即定义名与应用名必须大小写一致 -->
        <p class = "Test1">类选择器</p>
        <!-- class 值可以为词列表，即应用多个类选择器 -->
        <p class = "test1 test2">测试文本 1</p>
        <p class = "test3">测试文本 2</p>
    </body>
</html>
```

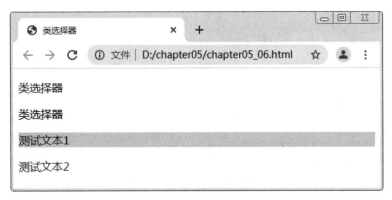

图 5-6　类选择器实现元素效果

5.3　应用 CSS 实现背景属性设置

5.3.1　background-color 属性

1. 背景色属性名称

背景色属性名称为 background-color，其作用是为设置元素背景色。

background-color 属性

2. 背景色属性常用取值

(1) color_name：颜色名称，即表示颜色的单词(如 red)。

(2) hex_number：十六进制值(如#FF0000)。其中"FF0000"表示红色，"00FF00"表示绿色，"0000FF"表示蓝色。

(3) rgb_number：rgb 代码(如 rgb(255, 0, 0))。其中第 1 个参数表示三元色的红色，第 2 个参数表示三元色的绿色，第 3 个参数表示三元色的蓝色，每个参数的取值范围为 0～255 或者 0%～100%。

(4) transparent：默认值，透明色。

(5) inherit：从父元素继承背景色属性取值。

3. 案例

本案例演示了背景色属性常用取值效果，案例中设置 body 元素背景色为浅灰色 (lightgray)，设置 h1 元素背景色为红色(red)，设置 h2 元素背景色为红色(#FF0000)，设置 h3 元素背景色为红色(rgb(255, 0, 0))，设置 h4 元素背景色为透明(transparent)，故 h4 元素背景色显示为与 body 元素背景色相同的浅灰色，设置 div 元素背景色为蓝色(blue)，设置其子元素 p 背景色为继承，即 p 元素背景色也为蓝色。".father p"是后代选择器，表示选择 class 属性值是 father 的元素的子元素，且该子元素为 p 元素。代码如例 5-7 所示，显示效果如图 5-7 所示。

【例 5-7】　background-color 属性应用实例(其代码见文档 chapter05_07.html)。

本例代码如下：

```html
<!DOCTYPE html>
<html>
    <head>
        <meta charset = "utf-8">
        <title>背景色属性</title>
        <style type = "text/css">
            body { background-color: lightgray; }
            h1 { background-color: red; }
            h2 { background-color: #0000FF; }
            h3 { background-color: rgb(255, 0, 0); }
            h4 { background-color: transparent; }
            .father { background-color: blue; }
            .father p { background-color: inherit; }
        </style>
    </head>
    <body>
        <!-- 案例：演示背景色属性常用取值效果  -->
        <h1>我是 h1</h1>
        <h2>我是 h2</h2>
        <h3>我是 h3</h3>
        <h4>我是 h4</h4>
        <div chass = "father">
            <p>我是子元素</p>
        </div>
    </body>
</html>
```

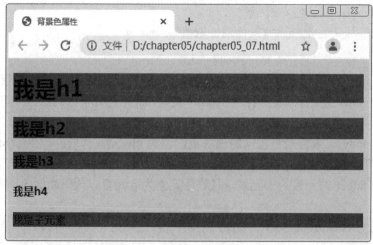

图 5-7　背景色属性取值效果

5.3.2　background-image 属性

background-image 属性

1. 背景图像属性

background-image 用于设置元素背景图像。

2. 背景图像属性常用取值

(1) none：默认值，表示不显示背景图像。

(2) url 代码：参数为指向图像的路径，可以是相对或者绝对路径。

3. 案例

本案例演示了背景图像属性常用取值效果。设置两个 div 元素宽度为 350 px、高度为 250 px，背景色为黄(yellow)。设置第 1 个 div 元素背景图像为 url('images/panda.jpg')，设置第 2 个 div 元素背景图像为 none。代码如例 5-8 所示，显示效果如图 5-8 所示。

【例 5-8】　background-image 属性应用实例(其代码见文档 chapter05_08.html)。

本例代码如下：

```
<!DOCTYPE html>
<html>
    <head>
        <meta charset = "utf-8">
        <title>背景图像属性</title>
        <style type = "text/css">
            .common {
                width: 350px;
                height: 250px;
                background-color: yellow;
            }
            .div1 {
                background-image: url('images/panda.jpg');
            }
            .div2 {
                background-image: none;
            }
        </style>
    </head>
    <body>
        <!-- 案例：演示背景图像属性常用取值效果 -->
        <div class = "common div1"></div>
        <hr>
        <div class = "common div2"></div>
```

```
        </body>
    </html>
```

图 5-8　背景图像属性取值效果

5.3.3　background-repeat 属性

1. 背景重复属性

background-repeat 用于是否设置以及如何重复设置背景图像。

2. 背景重复属性常用取值

(1) repeat：默认值，背景图像在垂直方向和水平方向重复。

(2) repeat-x：背景图像在水平方向重复。

(3) repeat-y：背景图像在垂直方向重复。

(4) no-repeat：背景图像仅显示一次。

background-repeat
属性

3. 案例

本案例演示了背景重复属性常用取值效果。设置四个 div 元素宽度为 350 px、高度为 250 px，背景图像为 url('images/panda.jpg')。设置第 1 个 div 元素背景重复为垂直、水平方向重复(repeat)，设置第 2 个 div 元素背景重复为水平方向重复(repeat-x)，设置第 3 个 div 元素背景重复为垂直方向重复(repeat-y)，设置第 4 个 div 元素背景重复为背景图像仅显示一次(no-repeat)。代码如例 5-9 所示，显示效果如图 5-9(a)、图 5-9(b)、图 5-9(c)、图 5-9(d)所示。

【例 5-9】　background-repeat 属性应用实例(其代码见文档 chapter05_09.html)。

本例代码如下：

```html
<!DOCTYPE html>
<html>
    <head>
        <meta charset = "utf-8">
        <title>背景重复属性</title>
        <style type="text/css">
            .common {
                width: 350px;
                height: 250px;
                background-image: url('images/panda.jpg');
            }
            .test1{ background-repeat: repeat; }
            .test2{ background-repeat: repeat-x; }
            .test3{ background-repeat: repeat-y; }
            .test4{ background-repeat: no-repeat; }
        </style>
    </head>
    <body>
        <!-- 案例：演示背景重复属性常用取值效果  -->
        <div class = "common test1"></div>
        <hr>
        <div class = "common test2"></div>
        <hr>
        <div class = "common test3"></div>
        <hr>
        <div class = "common test4"></div>
    </body>
</html>
```

(a) 背景重复属性 repeat 取值效果

(b) 背景重复属性 repeat-x 取值效果

(c) 背景重复属性 repeat-y 取值效果

(d) 背景重复属性 no-repeat 取值效果

图 5-9　背景重复属性取值效果

5.3.4　background-position 属性

1. 背景定位属性

background-position 用于设置背景图像的起始位置。

background-position 属性

2. 背景定位属性常用取值

(1) 方位词。

背景定位分为两个方向：水平方向、垂直方向。这两个参数没有先后顺序，即先水平方向后垂直方向与先垂直方向后水平方向都行。

垂直方向值：top、center、bottom，可选。

水平方向值：left、center、right，可选。

注意：若只有一个方位词，则另一个值为 center。

(2) 百分比。

第 1 个参数表示水平位置，第 2 个参数表示垂直位置。

左上角是 0%、0%。右下角是 100%、100%。若只有一个位置值，则另一个值为 50%。

(3) 数值。

第 1 个参数表示水平位置，第 2 个参数表示垂直位置。

左上角是 0、0。若只有一个位置值，则另一个值为 50%。

(4) 混合使用百分比和数值。

第 1 个参数表示水平位置，第 2 个参数表示垂直位置。

3. 案例

本案例演示了背景定位属性常用取值效果。设置四个 div 元素宽度为 350 px、高度为 250 px，背景图像为 url('images/panda.jpg')。背景重复为背景图像仅显示一次(no-repeat)，设置第 1 个 div 元素背景定位为水平居中(center)、垂直居上(top)，设置第 2 个 div 元素背景定位为水平居中(50%)、垂直居中(50%)，设置第 3 个 div 元素背景定位为水平向右 20 px、垂直向下 10 px，设置第 4 个 div 元素背景定位为水平向右 20 px、垂直居下(100%)。代码如例 5-10 所示，显示效果如图 5-10(a)、图 5-10(b)、图 5-10(c)、图 5-10(d)所示。

【例 5-10】　background-position 属性应用实例(其代码见文档 chapter05_10.html)。

本例代码如下：

```
<!DOCTYPE html>
<html>
    <head>
        <meta charset="utf-8">
        <title>背景定位属性</title>
        <style type="text/css">
            .common {
                width: 350px;
                height: 250px;
                background-color: yellow;
                background-image: url('images/panda.jpg');
                background-repeat:no-repeat;
            }
            .test1{ background-position: top center; }
            .test2{ background-position: 50% 50%; }
```

```
            .test3{ background-position: 20px 10px; }
            .test4{ background-position: 20px 100%; }
        </style>
    </head>
    <body>
        <!-- 案例：演示背景定位属性常用取值效果 -->
        <div class="common test1"></div>
        <hr>
        <div class="common test2"></div>
        <hr>
        <div class="common test3"></div>
        <hr>
        <div class="common test4"></div>
    </body>
</html>
```

(a) 背景定位属性为水平居中、垂直居上的取值效果

(b) 背景定位属性百分比为 50%、50%的取值效果

(c) 背景定位属性数值为 20 px、10 px 的取值效果

(d) 背景定位属性百分比和数值为 20 px、100%的取值效果

图 5-10　背景定位属性取值效果

5.3.5　background-attachment 属性

1. 背景关联属性

background-attachment 用于设置背景图像是否固定或者随着页面的其余部分滚动。

background-attachment
属性

2. 背景关联属性常用取值

(1) scroll：默认值，背景图像会随着页面其余部分的滚动而移动。

(2) fixed：当页面的其余部分滚动时，背景图像不会移动。

3. 案例

本案例演示了背景关联属性常用取值效果。设置 div 元素宽度为 350 px、高度为 800 px，背景色为黄色(yellow)，背景图像为 url('images/panda.jpg')，背景重复为背景图像仅显示一次(no-repeat)。当设置 background-attachment: scroll 时，背景图像随页面滚动；当设置 background-attachment: fixed 时，背景图像不会随页面滚动。代码如例 5-11 所示，显示效果如图 5-11(a)、图 5-11(b)所示。

【例 5-11】 background-attachment 属性应用实例(其代码见文档 chapter05_11.html)。

本例代码如下：

```html
<!DOCTYPE html>
<html>
    <head>
        <meta charset="utf-8">
        <title>背景关联属性</title>
        <style type="text/css">
            div {
                width: 350px;
                height: 800px;
                background-color: yellow;
                background-image: url('images/panda.jpg');
                background-repeat: no-repeat;
                background-attachment: scroll;
                /*background-attachment: fixed;*/
            }
        </style>
    </head>
    <body>
        <!-- 案例：演示背景关联属性常用取值效果 -->
        <div></div>
    </body>
</html>
```

(a) 背景关联属性 scroll 取值效果

(b) 背景关联属性 fixed 取值效果

图 5-11 背景关联属性取值效果

5.3.6 background 属性

background 属性

前面我们学习了背景属性的多个属性，若需要设置多个背景属性，则需要写出多个背景属性键值对，但这样显得代码冗余。背景简写属性就是为了解决这个问题的，背景简写属性可以在一个声明中设置所有的背景属性。

1. 背景简写属性

background 用于在一个声明中设置所有的背景属性。

2. 背景简写属性语法

建议按照如下顺序设置各属性值，各属性值间使用空格进行分隔。

(1) background-color：背景色。

(2) background-image：背景图像。

(3) background-repeat：背景重复。

(4) background-attachment：背景关联。

(5) background-position：背景定位。

3. 注意事项

(1) 如果不设置其中的某个背景属性值，代码也不会出问题。

(2) W3C 建议使用这个属性，而不是分别使用单个属性，因为这个属性在较老的浏览器中能够得到更好的支持。

4. 案例

本案例演示背景简写属性 background 常用取值效果。案例中设置 div 元素宽度为 350 px、高度为 350 px，背景色为黄色(yellow)，背景图像为 url('images/panda.jpg')，背景重复为背景图像仅显示一次(no-repeat)，背景定位为水平、垂直居中(center)，注释代码部分为背景各属性分开设置情况。代码如例 5-12 所示，显示效果如图 5-12 所示。

【例 5-12】 background 属性应用实例(其代码见文档 chapter05_12.html)。
本例代码如下：

```html
<!DOCTYPE html>
<html>
    <head>
        <meta charset="utf-8">
        <title>背景简写属性</title>
        <style type="text/css">
            .common{
                width: 350px;
                height: 350px;
            }
            div { background: yellow url('images/panda.jpg') no-repeat center; }
            /*注释代码部分为背景各属性分开设置情况*/
            /* div{
                background-color: yellow;
                background-image: url('images/panda.jpg');
                background-repeat: no-repeat;
                background-position: center;
            } */
        </style>
    </head>
    <body>
        <!-- 案例：演示背景简写属性实现效果 -->
        <div class="common"></div>
    </body>
</html>
```

图 5-12　背景简写属性取值效果

5.4　应用CSS实现字体属性设置

文字作为界面展示的一个重要元素，一定会有其独立的样式。字体的样式也是决定界面整齐和用户体验良好的关键。

font-family 属性

5.4.1　font-family 属性

1. 字体属性

font-family 用于设置元素的字体系列。

2. 字体属性常用取值

(1) 具体字体名称，如微软雅黑(Microsoft YaHei)，可以使用中文名称，也可以使用英文名称，但建议使用字体的英文名称。

(2) 字体系列名称，字体系列名称具体分为通用字体系列和特定字体系列。通用字体系列 Serif，如其对应的特定字体系列有 Times New Roman 等，该类字体系列字符在行的末端拥有额外的装饰。通用字体系列 Sans-serif，如其对应的特定字体系列有 Arial 等，该类字体系列字体在末端没有额外的装饰。字体系列 Sans-serif 与 Serif 区别如图 5-13 所示。在计算机屏幕上，字体系列 Sans-serif 更易于阅读。

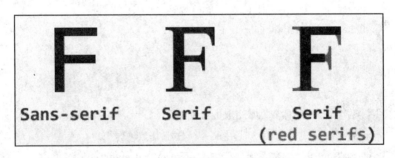

图 5-13　字体系列 Sans-serif 与 Serif 显示效果(w3school 提供)

(3) 默认值，取决于浏览器。

(4) inherit：从父元素继承字体属性取值。

3. 注意事项

(1) 可以同时设置多个字体时，字体按照优先顺序排列，各字体使用英文逗号进行分隔，如果浏览器不支持第一个字体，则会尝试下一个。推荐使用一个通用字体系列名作为备选，防止用户计算机上没有设置的字体，如 font-family 属性除了设置 Times New Roman 外，另设置了通用字体系列 serif，完整代码：div{font-family:"Times New Roman", serif;}。

(2) 中文字体需要加引号。

(3) 字体名中有一个或多个空格(比如 New York)，或者字体名包括#或$之类的符号，需要在 font-family 声明中加引号。

4. 案例

本案例演示了字体属性常用取值效果。案例中分别为各个 p 元素设置了不同字体属性取值。".father p" 是后代选择器，表示选择 class 属性值是 father 的元素的子元素，且该子元素为 p 元素。代码如例 5-13 所示，显示效果如图 5-14 所示。

【例 5-13】 font-family 属性应用实例(其代码见文档 chapter05_13.html)。

本例代码如下：

```html
<!DOCTYPE html>
<html lang="en">
    <head>
        <meta charset="UTF-8">
        <title>字体属性</title>
        <style type="text/css">
            .chinese{ font-family: '微软雅黑'; }
            .english{ font-family: 'Microsoft YaHei'; }
            .fontSeries1{ font-family: Serif; }
            .fontSeries2{ font-family: 'Times New Roman'; }
            .fontSeries3{ font-family: Sans-serif; }
            .fontSeries4{ font-family: 'Arial'; }
            .father{ font-family: '宋体'; }
            .father p{ font-family: inherit; }
        </style>
    </head>
    <body>
        <!-- 案例：演示字体属性常用取值效果 -->
        <p class="chinese">字体系列是中文：微软雅黑</p>
        <p class="english">字体系列是英文：Microsoft YaHei</p>
        <p class="fontSeries1">字体系列是：Serif</p>
        <p class="fontSeries2">字体系列是：Times New Roman</p>
        <p class="fontSeries3">字体系列是：Sans-serif </p>
        <p class="fontSeries4">字体系列是：Arial</p>
        <hr>
        <p>使用浏览器默认字体</p>
        <div class="father">
            <p>继承父元素 font-family 属性：宋体</p>
        </div>
    </body>
</html>
```

图 5-14　字体属性取值效果

5.4.2　font-size 属性

1. 字体尺寸属性

font-size 用于设置元素字体的尺寸。

font-size 属性

2. 字体尺寸属性常用取值

(1) 尺寸名称。

字体的尺寸设置从 xx-small 到 xx-large，表示字体尺寸由小到大，具体有 xx-small、x-small、small、medium、large、x-large、xx-large，默认值为 medium。

(2) 其他情况。

smaller：设置为比父元素更小的尺寸。

larger：设置为比父元素更大的尺寸。

length：设置为一个固定的值。

%：把 font-size 设置为基于父元素的一个百分比值。

(3) inherit：从父元素继承字体尺寸属性取值。

3. 案例

本案例演示了字体尺寸属性常用取值效果。案例中分别为各个 p 元素设置了不同字体尺寸属性取值。代码如例 5-14 所示，显示效果如图 5-15 所示。

【例 5-14】　font-size 属性应用实例(其代码见文档 chapter05_14.html)。

本例代码如下：

```html
<!DOCTYPE html>
<html lang="en">
    <head>
        <meta charset="UTF-8">
        <title>字体尺寸属性</title>
        <style type="text/css">
            .fontSize1{ font-size: xx-small; }
            .fontSize2{ font-size: x-small; }
            .fontSize3{ font-size: small; }
            .fontSize4{ font-size: medium; }
            .fontSize5{ font-size: large; }
            .fontSize6{ font-size: x-large; }
            .fontSize7{ font-size: xx-large; }
            .father{ font-size: 16px; }
            .fontSmaller{ font-size: smaller; }
            .fontLarger{ font-size: larger; }
            .percentage{ font-size: 200%; }
            .extend{ font-size: inherit; }
        </style>
    </head>
    <body>
        <!-- 案例：演示字体尺寸属性常用取值效果 -->
        <p class="fontSize1">xx-small</p>
        <p class="fontSize2">x-small</p>
        <p class="fontSize3">small</p>
        <p class="fontSize4">medium</p>
        <p class="fontSize5">large</p>
        <p class="fontSize6">x-large</p>
        <p class="fontSize7">xx-large</p>
        <hr>
        <div class="father">
            <p class="fontSmaller">smaller</p>
            <p class="fontLarger">larger</p>
            <p class="percentage">200%</p>
            <p class="extend">继承父元素 font-size 属性：16px</p>
        </div>
    </body>
</html>
```

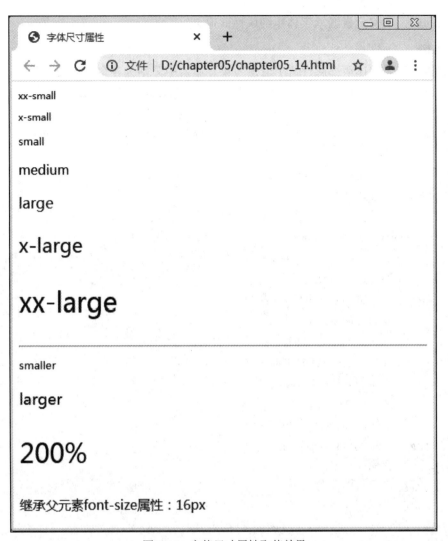

图 5-15 字体尺寸属性取值效果

5.4.3 font-weight 属性

font-weight 属性

1. 字体粗细属性

font-weight 用于设置文本的粗细。

2. 字体粗细属性常用取值

(1) 单词。

normal：默认值，定义标准的字符。

bold：定义粗体字符。

bolder：定义更粗的字符。

lighter：定义更细的字符。

(2) 数字。

100～900：定义由细到粗的字符。400 等同于 normal，而 700 等同于 bold。

(3) inherit：从父元素继承字体粗细属性取值。

3. 案例

本案例演示了字体粗细属性常用取值效果。案例中分别为各个 p 元素设置了不同字体粗细属性取值。".father p" 是后代选择器，表示选择 class 属性值是 father 的元素的子元素，且该子元素为 p 元素。代码如例 5-15 所示，显示效果如图 5-16 所示。

【例 5-15】 font-weight 属性应用实例(其代码见文档 chapter05_15.html)。

本例代码如下：

```html
<!DOCTYPE html>
<html lang="en">
    <head>
        <meta charset="UTF-8">
        <title>字体粗细属性</title>
        <style type="text/css">
            .normal{ font-weight: normal; }
            .bold{ font-weight: bold; }
            .bolder{ font-weight: bolder; }
            .lighter{ font-weight: lighter; }
            .fw400{ font-weight: 400; }
            .fw700{ font-weight: 700; }
            .father{ font-weight: 700; }
            .father p{ font-weight: inherit; }
        </style>
    </head>
    <body>
        <!-- 案例：演示字体粗细属性常用取值效果 -->
        <p class="normal">normal</p>
        <p class="bold">bold</p>
        <p class="bolder">bolder</p>
        <p class="lighter">lighter</p>
        <hr>
        <p class="fw400">400</p>
        <p class="fw700">700</p>
        <hr>
        <div class="father">
            <p>继承父元素 font-weight 属性：700</p>
        </div>
    </body>
</html>
```

图 5-16　字体粗细属性取值效果

5.4.4　font-style 属性

font-style 属性

1. 字体风格属性

font-style 用于设置字体风格。

2. 字体风格属性常用取值

(1) normal：默认值。显示一个标准的字体样式。

(2) italic：显示一个斜体的字体样式。

(3) inherit：从父元素继承字体风格属性取值。

3. 案例

本案例演示了字体风格属性常用取值效果。案例中分别为各个 p 元素设置了不同字体风格属性取值。".father p"是后代选择器,表示选择 class 属性值是 father 的元素的子元素,且该子元素为 p 元素。代码如例 5-16 所示,显示效果如图 5-17 所示。

【例 5-16】　font-style 属性应用实例(其代码见文档 chapter05_16.html)。

本例代码如下:

```
<!DOCTYPE html>
<html lang="en">
    <head>
        <meta charset="UTF-8">
        <title>字体风格属性</title>
        <style type="text/css">
            .normal{ font-style: normal; }
            .italic{ font-style: italic; }
```

```
            .father{ font-style: italic; }
            .father p{ font-style: inherit; }
        </style>
    </head>
    <body>
        <!-- 案例：演示字体风格属性常用取值效果  -->
        <p class="normal">normal</p>
        <p class="italic">italic</p>
        <hr>
        <div class="father">
            <p>继承父元素 font-style 属性：italic</p>
        </div>
    </body>
</html>
```

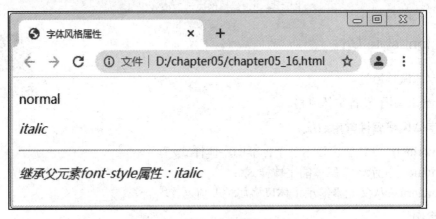

图 5-17　字体风格属性取值效果

5.4.5　font 属性

1. 字体简写属性

font 用于在一个声明中设置所有字体属性。

font 属性

2. 字体简写属性语法

建议按照如下顺序设置各属性值，各属性值间使用空格进行分隔。

(1) font-style：字体风格。

(2) font-weight：字体粗细。

(3) font-size/line-height：字体尺寸/行高(行间距)。

(4) font-family：字体。

3. 注意事项

至少要指定字体尺寸和字体两个属性。

4. 案例

本案例演示字体简写属性 font 常用取值效果。案例中设置诗词标题 p 元素字体风格为斜体(italic)、字体粗细为粗体(bold)，字体尺寸为 32 px，字体为 'Microsoft Yahei', YouYuan，其余 p 元素字体尺寸为 20 px，注释代码部分为字体各属性分开设置情况。代码如例 5-17 所示，显示效果如图 5-18 所示。

【例 5-17】　font 属性应用实例(其代码见文档 chapter05_17.html)。

本例代码如下：

```html
<!DOCTYPE html>
<html>
    <head>
        <meta charset = "utf-8">
        <title>字体简写属性</title>
        <style type = "text/css">
            .title{ font: italic bold 32px 'Microsoft Yahei', YouYuan; }
            p { font: 20px 'Microsoft Yahei', YouYuan; }
            /*注释代码部分为字体各属性分开设置情况*/
            /* .title{
                font-style: italic;
                font-weight: bold;
                font-size: 32px;
                font-family: 'Microsoft Yahei', YouYuan;
            }
            p {
                font-size: 20px;
                font-family: 'Microsoft Yahei', YouYuan;
            } */
        </style>
    </head>
    <body>
        <!-- 案例：演示字体简写属性实现效果 -->
        <p class = "title">念奴娇·赤壁怀古<p>
        <p>苏轼</p>
        <p>大江东去，浪淘尽，千古风流人物。</p>
        <p>故垒西边，人道是，三国周郎赤壁。</p>
        <p>乱石穿空，惊涛拍岸，卷起千堆雪。</p>
        <p>江山如画，一时多少豪杰。</p>
    </body>
</html>
```

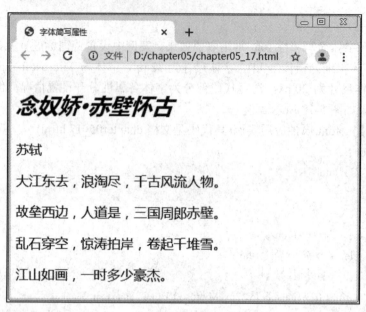

图 5-18　字体简写属性取值效果

5.5　应用 CSS 实现文本属性设置

5.5.1　color 属性

1. 文本颜色属性

color 用于设置元素文本颜色。

2. 文本颜色属性常用取值

(1) color_name：颜色名称，即表示颜色的单词，如 red。

(2) hex_number：十六进制值(如 #FF0000)。其中"FF0000"表示红色，"00FF00"表示绿色，"0000FF"表示蓝色。

(3) rgb_number：rgb 代码(如 rgb(255,0,0))。其中第 1 个参数表示三元色的红色，第 2 个参数表示三元色的绿色，第 3 个参数表示三元色的蓝色，每个参数的取值范围为 0～255 或者 0%～100%。

(4) inherit：从父元素继承文本颜色属性取值。

3. 案例

本案例演示了文本颜色属性常用取值效果。案例中设置第 1 个 p 元素文本颜色为红色 (red)，设置第 2 个 p 元素文本颜色为红色(#FF0000)，设置第 3 个 p 元素文本颜色为红色 (rgb(255, 0, 0))，设置 div 元素文本颜色为蓝色(blue)，设置其子元素 p 文本颜色为继承，即 p 元素文本颜色也为蓝色。".father p"是后代选择器，表示选择 class 属性值是 father 的元素的子元素，且该子元素为 p 元素。代码如例 5-18 所示，显示效果如图 5-19 所示。

【例 5-18】 color 属性应用实例(其代码见文档 chapter05_18.html)。

本例代码如下:

```html
<!DOCTYPE html>
<html>
    <head>
        <meta charset = "utf-8">
        <title>文本颜色属性</title>
        <style type = "text/css">
            .colorName{ color: red; }
            .hexNumber{ color: #FF0000; }
            .rgbNumber{ color: rgb(255, 0, 0); }
            .father{ color: blue; }
            .father p{ color: inherit; }
        </style>
    </head>
    <body>
        <!-- 案例：演示文本颜色属性常用取值效果 -->
        <p class = "colorName">color_name：red</p>
        <p class = "hexNumber">hex_number：#FF0000</p>
        <p class = "rgbNumber">rgb_number：rgb(255, 0, 0)</p>
        <hr>
        <div class="father">
            <p>继承父元素 color 属性：blue</p>
        </div>
    </body>
</html>
```

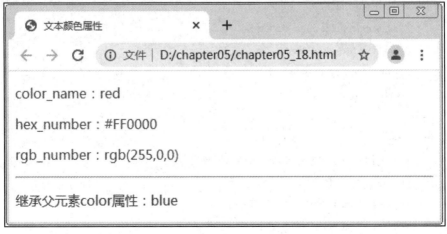

图 5-19　文本颜色属性取值效果

5.5.2 text-align 属性

1. 文本对齐属性

text-align 用于设置元素文本对齐方式。

text-align 属性

2. 文本对齐属性常用取值

(1) left：把文本排列到左边。默认值由浏览器决定。

(2) right：把文本排列到右边。

(3) center：把文本排列到中间。

(4) inherit：从父元素继承文本对齐属性取值。

3. 案例

本案例演示了文本对齐属性常用取值效果。案例中设置第 1 个 p 元素文本左对齐(left)，设置第 2 个 p 元素文本右对齐(right)，设置第 3 个 p 元素文本居中对齐(center)，设置 div 元素文本居中对齐，设置其子元素 p 文本对齐为继承，即 p 元素文本也为居中对齐。".father p" 是后代选择器，表示选择 class 属性值是 father 的元素的子元素，且该子元素为 p 元素。代码如例 5-19 所示，显示效果如图 5-20 所示。

【例 5-19】 text-align 属性应用实例(其代码见文档 chapter05_19.html)。

本例代码如下：

```html
<!DOCTYPE html>
<html>
    <head>
        <meta charset = "utf-8">
        <title>文本对齐属性</title>
        <style type = "text/css">
            .txtLeft{ text-align: left; }
            .txtRight{ text-align: right; }
            .txtCenter{ text-align: center; }
            .father{ text-align: center; }
            .father p{ text-align: inherit; }
        </style>
    </head>
    <body>
        <!-- 案例：演示文本对齐属性常用取值效果  -->
        <p class = "txtLeft">文本居左对齐</p>
        <p class = "txtRight">文本居右对齐<p>
        <p class = "txtCenter">文本居中对齐<p>
        <hr>
```

```
        <div class = "father">
            <p>继承父元素 text-align 属性：center</p>
        </div>
    </body>
</html>
```

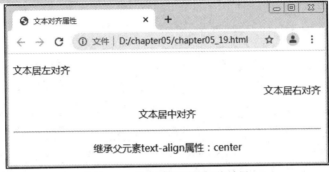

图 5-20　文本对齐属性取值效果

5.5.3 text-decoration 属性

text-decoration 属性

1. 文本修饰属性

text-decoration 用于实现元素文本修饰。

2. 文本修饰属性常用取值

(1) none：默认，定义标准的文本。

(2) overline：定义文本上的一条线，即文本顶划线。

(3) underline：定义文本下的一条线，即文本下划线。

(4) line-through：定义穿过文本下的一条线，即文本删除线。

(5) inherit：从父元素继承文本修饰属性取值。

3. 案例

本案例演示了文本修饰属性常用取值效果。案例中设置第 1 个 p 元素文本无修饰效果 (none)，设置第 2 个 p 元素文本顶划线(overline)，设置第 3 个 p 元素文本下划线(underline)，设置第 4 个 p 元素文本删除线(line-through)，设置 div 元素文本下划线，设置其子元素 p 文本修饰为继承，即 p 元素文本也为下划线。".father p" 是后代选择器，表示选择 class 属性值是 father 的元素的子元素，且该子元素为 p 元素。代码如例 5-20 所示，显示效果如图 5-21 所示。

【例 5-20】 text-decoration 属性应用实例(其代码见文档 chapter05_20.html)。

本例代码如下：

```
<!DOCTYPE html>
<html>
    <head>
        <meta charset="utf-8">
```

```
        <title>文本修饰属性</title>
        <style type="text/css">
            .txtNone{ text-decoration: none; }
            .txtOverline{ text-decoration: overline; }
            .txtUnderline{ text-decoration: underline; }
            .txtLinethrough{ text-decoration: line-through; }
            .father{ text-decoration: underline; }
            .father p{ text-decoration: inherit; }
        </style>
    </head>
    <body>
        <!-- 案例：演示文本修饰属性常用取值效果 -->
        <p class="txtNone">文本无修饰效果</p>
        <p class="txtOverline">文本顶划线</p>
        <p class="txtUnderline">文本下划线</p>
        <p class="txtLinethrough">文本删除线</p>
        <hr>
        <div class="father">
            <p>继承父元素 text-decoration 属性：underline</p>
        </div>
    </body>
</html>
```

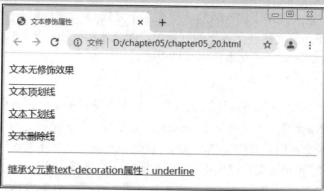

图 5-21　文本修饰属性取值效果

5.5.4　line-height 属性

1. 行间距属性

line-height 用于设置行间的距离，也称行高。

2. 行间距属性常用取值

(1) normal：默认，设置合理的行间距。

line-height 属性

(2) length：设置固定的行间距。

(3) number：设置数字，此数字会与当前的字体尺寸相乘来设置行间距。

(4) %：基于当前字体尺寸的百分比行间距。

(5) inherit：从父元素继承行间距属性取值。

3．案例

· 案例 1：本案例演示了行间距属性取值为固定值的效果，案例中第 1 个 p 元素行间距为浏览器默认效果，设置第 2 个 p 元素行间距 10 px，设置第 3 个 p 元素行间距 50 px。代码如例 5-21 所示，显示效果如图 5-22 所示。

【例 5-21】 行间距属性取值为固定值的应用实例(其代码见文档 chapter05_21.html)。

本例代码如下：

```html
<!DOCTYPE html>
<html>
  <head>
    <meta charset="utf-8">
    <title>行间距属性值：像素</title>
    <style type="text/css">
      .lineHeight1 { line-height: 10px; }
      .lineHeight2 { line-height: 50px; }
    </style>
  </head>
  <body>
    <!-- 案例 1：演示行间距属性取值，固定值如以像素为单位的效果 -->
    <p>
      这是一个标准行高的段落。
      在大多数浏览器默认行高约 20 px。
      这是一个标准行高的段落。
    </p>
    <hr>
    <p class="lineHeight1">
      这是行高 10px 的段落。
      这是行高 10px 的段落。
      这是行高 10px 的段落。
    </p>
    <hr>
    <p class="lineHeight2">
      这是行高 50px 的段落。
      这是行高 50px 的段落。
      这是行高 50px 的段落。
    </p>
```

```
        </body>
    </html>
```

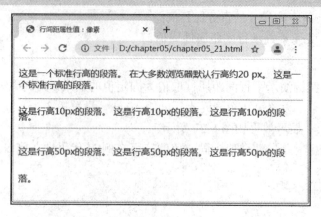

图 5-22　行间距属性值为固定值效果

• 案例 2：本案例演示了行间距属性取值为数字的效果，即此时行间距为数字乘以当前的字体尺寸，案例中第 1 个 p 元素行间距为浏览器默认效果，设置第 2 个 p 元素行间距为 0.5，设置第 3 个 p 元素行间距为 3。代码如例 5-22 所示，显示效果如图 5-23 所示。

【例 5-22】　行间距属性取值为数字的应用实例(其代码见文档 chapter05_22.html)。

本例代码如下：

```
<!DOCTYPE html>
<html>
    <head>
        <meta charset="utf-8">
        <title>行间距属性值：数字</title>
        <style type="text/css">
            .lineHeight1 { line-height: 0.5; }
            .lineHeight2 { line-height: 3; }
        </style>
    </head>
    <body>
        <!-- 案例 2：演示行间距属性取值为数字的效果 -->
        <!-- 行间距值：数字 * 当前的字体尺寸 -->
        <p>
            这是一个标准行高的段落。
            浏览器的默认行高为"1"。
            这是一个标准行高的段落。
        </p>
        <hr>
        <p class="lineHeight1">
            这是行高 0.5 的段落。
```

```
        这是行高 0.5 的段落。
        这是行高 0.5 的段落。
        这是行高 0.5 的段落。
        这是行高 0.5 的段落。
    </p>
    <hr>
    <p class="lineHeight2">
        这是行高 3 的段落。
        这是行高 3 的段落。
        这是行高 3 的段落。
        这是行高 3 的段落。
        这是行高 3 的段落。
    </p>
</body>
</html>
```

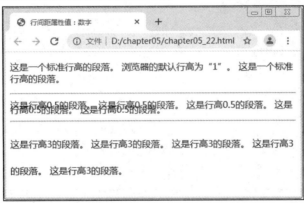

图 5-23　行间距属性值为数字效果

• 案例 3：本案例演示了行间距属性取值为百分比的效果，即此时行间距为基于当前字体尺寸的百分比，案例中第 1 个 p 元素行间距为浏览器默认效果，设置第 2 个 p 元素行间距 80%，设置第 3 个 p 元素行间距 300%。代码如例 5-23 所示，显示效果如图 5-24 所示。

【例 5-23】　行间距属性取值为百分比的应用实例(其代码见文档 chapter05_23.html)。本例代码如下：

```
<!DOCTYPE html>
<html>
    <head>
        <meta charset="utf-8">
        <title>行间距属性值：百分比</title>
        <style type="text/css">
            .lineHeight1 { line-height: 80%; }
            .lineHeight2 { line-height: 300%; }
```

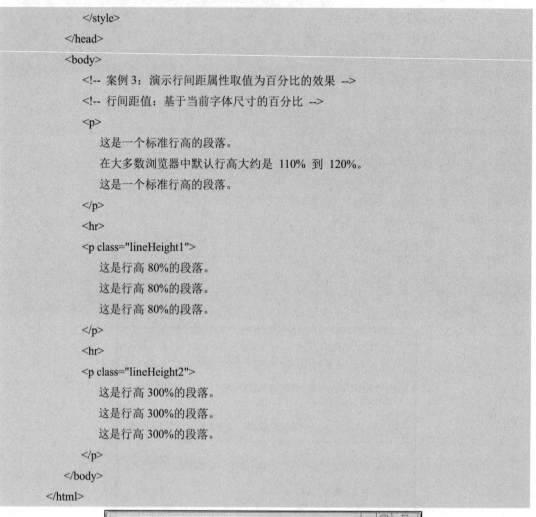

```
        </style>
    </head>
    <body>
        <!-- 案例 3：演示行间距属性取值为百分比的效果 -->
        <!-- 行间距值：基于当前字体尺寸的百分比 -->
        <p>
            这是一个标准行高的段落。
            在大多数浏览器中默认行高大约是 110% 到 120%。
            这是一个标准行高的段落。
        </p>
        <hr>
        <p class="lineHeight1">
            这是行高 80%的段落。
            这是行高 80%的段落。
            这是行高 80%的段落。
        </p>
        <hr>
        <p class="lineHeight2">
            这是行高 300%的段落。
            这是行高 300%的段落。
            这是行高 300%的段落。
        </p>
    </body>
</html>
```

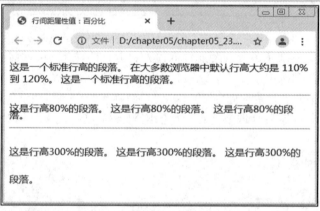

图 5-24　行间距属性值为百分比效果

• 案例 4：本案例演示了行间距属性取值为继承的效果，案例中第 1 个 p 元素行间距 30 px，设置第 2 个 p 元素行间距继承父元素 div 的行间距。".father p"是后代选择器，表示选择 class 属性值是 father 的元素的子元素，且该子元素为 p 元素。代码如例 5-24 所示，显示效果如图 5-25 所示。

【**例 5-24**】　行间距属性取值为继承的应用实例(其代码见文档 chapter05_24.html)。

本例代码如下:

```html
<!DOCTYPE html>
<html>
    <head>
        <meta charset="utf-8">
        <title>行间距属性值：继承</title>
        <style type="text/css">
            .father{ line-height: 30px; }
            .father p{ line-height: inherit; }
        </style>
    </head>
    <body>
        <!-- 案例 4：演示行间距属性取值为继承的效果  -->
        <p class="father">
            这是一个行高 30px 的段落。
            这是一个行高 30px 的段落。
            这是一个行高 30px 的段落。
        </p>
        <hr>
        <div class="father">
            <p>
                这是一个子元素继承父元素行高的段落。
                这是一个子元素继承父元素行高的段落。
                这是一个子元素继承父元素行高的段落。
            </p>
        </div>
    </body>
</html>
```

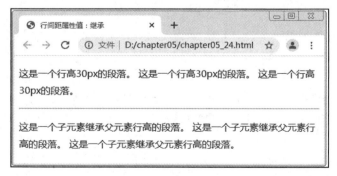

图 5-25　行间距属性值为继承效果

5.5.5 text-indent 属性

text-indent 属性

1. 文本首行缩进属性

text-indent 用于设置文本块中首行文本的缩进。

2. 文本首行缩进属性常用取值

(1) length：定义固定的缩进，默认值为 0。

(2) %：定义基于父元素宽度的百分比的缩进。

(3) inherit：从父元素继承文本首行缩进属性取值。

3. 案例

本案例演示了文本首行缩进属性常用取值效果。案例中设置第 1 个 p 元素文本首行缩进 50 px，设置第 2 个 p 元素文本首行缩进 50%，设置第 3 个 p 元素文本首行缩进继承父元素 div 的文本首行缩进属性。".textIndent1 p"是后代选择器，表示选择 class 属性值是 textIndent1 的元素的子元素，且该子元素为 p 元素。代码如例 5-25 所示，显示效果如图 5-26 所示。

【例 5-25】 text-indent 属性应用实例(其代码见文档 chapter05_25.html)。

本例代码如下：

```
<!DOCTYPE html>
<html>
    <head>
        <meta charset="utf-8">
        <title>文本首行缩进属性</title>
        <style type="text/css">
            .textIndent1{ text-indent: 50px; }
            .textIndent2{ text-indent: 50%; }
            .textIndent1 p{ text-indent: inherit; }
        </style>
    </head>
    <body>
        <!-- 案例：演示文本首行缩进属性常用取值效果 -->
        <p class="textIndent1">君不见，黄河之水天上来，奔流到海不复回。君不见，高堂明镜悲
白发，朝如青丝暮成雪。人生得意须尽欢，莫使金樽空对月。天生我材必有用，千金散尽还复来。烹羊宰
牛且为乐，会须一饮三百杯。岑夫子，丹丘生，将进酒，杯莫停。与君歌一曲，请君为我倾耳听。钟鼓馔
玉不足贵，但愿长醉不复醒。古来圣贤皆寂寞，惟有饮者留其名。陈王昔时宴平乐，斗酒十千恣欢谑。主
人何为言少钱，径须沽取对君酌。五花马，千金裘，呼儿将出换美酒，与尔同销万古愁。</p>
        <hr>
        <p class="textIndent2">君不见，黄河之水天上来，奔流到海不复回。君不见，高堂明镜悲
白发，朝如青丝暮成雪。人生得意须尽欢，莫使金樽空对月。天生我材必有用，千金散尽还复来。烹羊宰
```

牛且为乐，会须一饮三百杯。岑夫子，丹丘生，将进酒，杯莫停。与君歌一曲，请君为我倾耳听。钟鼓馔
玉不足贵，但愿长醉不复醒。古来圣贤皆寂寞，惟有饮者留其名。陈王昔时宴平乐，斗酒十千恣欢谑。主
人何为言少钱，径须沽取对君酌。五花马，千金裘，呼儿将出换美酒，与尔同销万古愁。</p>
    <hr>
    <div class="textIndent1">
     <p>继承父元素 text-indent 属性：50px</p>
    </div>
   </body>
  </html>

图 5-26　文本首行缩进属性取值效果

5.5.6　text-transform 属性

1. 文本字母大小写控制属性

text-transform 用于控制文本内字母的大小写。

text-transform 属性

2. 文本字母大小写控制属性常用取值

(1) none：默认，定义带有小写字母和大写字母的标准的文本。

(2) capitalize：文本中的每个单词以大写字母开头。

(3) uppercase：定义仅有大写字母。

(4) lowercase：定义无大写字母，仅有小写字母。

(5) inherit：从父元素继承文本字母大小写控制属性取值。

3. 案例

本案例演示了文本字母大小写控制属性常用取值效果。案例中设置第 1 个 p 元素文本单词正常显示(none)，设置第 2 个 p 元素文本单词首字母大写(capitalize)，设置第 3 个 p 元素文本单词字母大写(uppercase)，设置第 4 个 p 元素文本单词字母小写(lowercase)，设置第 5 个 p 元素文本单词显示效果继承父元素 div 的文本字母大小写控制属性。".father p"是后代选择器，表示选择 class 属性值是 father 的元素的子元素，且该子元素为 p 元素。代码如例 5-26 所示，显示效果如图 5-27 所示。

【例 5-26】 text-transform 属性应用实例(其代码见文档 chapter05_26.html)。

本例代码如下：

```html
<!DOCTYPE html>
<html>
    <head>
        <meta charset="utf-8">
        <title>控制文本字母大小写属性</title>
        <style type="text/css">
            .txtNone{ text-transform: none; }
            .txtCapitalize{ text-transform: capitalize; }
            .txtUppercase{ text-transform: uppercase; }
            .txtLowercase{ text-transform: lowercase; }
            .father{ text-transform: lowercase; }
            .father p{ text-transform: inherit; }
        </style>
    </head>
    <body>
        <!-- 案例：演示控制文本字母大小写属性常用取值效果 -->
        <p class="txtNone">I am a student.</p>
        <p class="txtCapitalize">I am a student.</p>
        <p class="txtUppercase">I am a student.</p>
        <p class="txtLowercase">I am a student.</p>
        <hr>
        <div class="father">
            <p>继承父元素 text-transform 属性：ABC</p>
        </div>
    </body>
</html>
```

图 5-27 文本字母大小写控制属性取值效果

5.6 应用 CSS 实现尺寸属性设置

元素的大小通常是自动的，浏览器会根据元素特点及内容计算出元素实际的宽度和高度。正常元素宽度、高度默认值分别为 width:auto; height:auto。如果手动设置了宽度和高度，则可以定制元素的大小。

5.6.1 width/height 属性

1. 宽度/高度属性

width：宽度的属性，作用为设置元素的宽度。

height：高度的属性，作用为设置元素的高度。

width/height 属性

2. 宽度属性常用取值

(1) auto：默认值，浏览器计算出实际的宽度。

(2) length：使用 px 等单位定义宽度。

(3) %：定义基于包含父元素宽度的百分比宽度。

说明：高度属性的常用取值与宽度属性的常用取值一致，高度属性 height 的使用可以参考宽度属性。

3. 案例

• 案例 1：本案例演示了宽度/高度属性取值为 auto 的效果。案例中 p 元素宽度为 auto、高度为 auto，背景色为红色。因为 p 元素为块级元素，所以 p 元素宽度默认 100%，高度由内容决定。代码如例 5-27 所示，显示效果如图 5-28 所示。

【例 5-27】宽度/高度属性取值为 auto 的应用实例(其代码见文档 chapter05_27.html)。

本例代码如下：

```
<!DOCTYPE html>

<html>
```

```
    <head>
        <meta charset = "utf-8">
        <title>宽度、高度值：auto</title>
        <style type = "text/css">
            .test {
                width: auto;
                height: auto;
                background-color: red;
            }
        </style>
    </head>
    <body>
        <!-- 案例 1：演示宽度、高度属性取值，auto 效果 -->
        <p class = "test">我是 p 元素</p>
    </body>
</html>
```

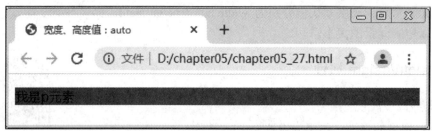

图 5-28　宽度/高度属性值为 auto 的显示效果

• 案例 2：本案例演示了宽度/高度属性取值为固定值的效果。案例中 p 元素宽度、高度均为 100 px，背景色为红色。代码如例 5-28 所示，显示效果如图 5-29 所示。

【例 5-28】　宽度/高度属性取值为固定值的应用实例(其代码见文档 chapter05_28.html)。

本例代码如下：

```
<!DOCTYPE html>
<html>
    <head>
        <meta charset = "utf-8">
        <title>宽度、高度值：固定值</title>
        <style type = "text/css">
            .test {
                width: 100px;
                height: 100px;
                background-color: red;
            }
```

```
        </style>
    </head>
    <body>
        <!-- 案例 2：演示宽度、高度属性取值为固定值，如以像素为单位的效果 -->
        <p class = "test">我是 p 元素</p>
    </body>
</html>
```

图 5-29　宽度/高度属性值为固定值的显示效果

• 案例 3：本案例演示了宽度/高度属性取值为百分比的效果。案例中 p 元素宽度为20%、高度为 50%，背景色为红色。若要元素高度属性百分比值生效，则需设置其父元素高度也为 100%，如此例中 body、html 元素高度均设置为 100%。代码如例 5-29 所示，显示效果如图 5-30 所示。

【例 5-29】　宽度/高度属性取值为百分比的应用实例(其代码见文档 chapter05_29.html)。本例代码如下：

```
<!DOCTYPE html>
<html>
    <head>
        <meta charset = "utf-8">
        <title>宽度、高度值：百分比</title>
        <style type="text/css">
            html {
                height: 100%;
            }

            body {
                height: 100%;
            }

            .test {
                width: 20%;
```

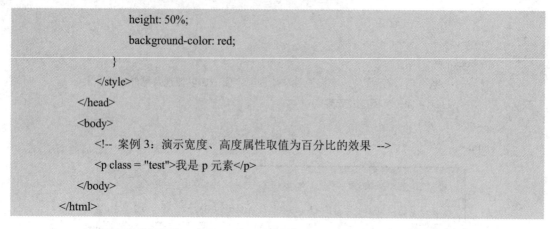

```
            height: 50%;
            background-color: red;
        }
    </style>
</head>
<body>
    <!-- 案例 3：演示宽度、高度属性取值为百分比的效果 -->
    <p class = "test">我是 p 元素</p>
</body>
</html>
```

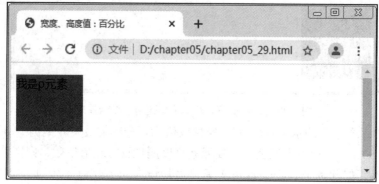

图 5-30　宽度/高度属性值为百分比的显示效果

5.6.2　max-width/max-height 属性

1. 最大宽度/高度属性

max-width：其作用为定义元素的最大宽度。

max-height：其作用为定义元素的最大高度。

max-width/max-height
属性

2. 最大宽度/高度属性常用取值

(1) none：默认，定义对元素的最大宽度没有限制。

(2) length：定义元素的最大宽度值。

(3) %：定义基于包含它的块级对象的百分比最大宽度。

说明：最大高度属性的常用取值与最大宽度属性的常用取值一致，最大高度属性 max-height 的使用可以参考最大宽度属性。

3. 案例

本案例演示了最大宽度属性常用取值效果。案例中设置两个 p 元素的宽度为 300 px、高度为 100 px，设置第 1 个 p 元素最大宽度无限制(none)，背景色为红色，设置第 2 个 p 元素最大宽度为 200 px，背景色为蓝色。第 1 个 p 元素最大宽度无限制，所以元素最终宽度为 300 px，第 2 个 p 元素最大宽度为 200 px，小于元素宽度 300 px，所以元素最终宽度为 200 px。代码如例 5-30 所示，显示效果如图 5-31 所示。

【**例 5-30**】　最大宽度属性常用取值应用实例(其代码见文档 chapter05_30.html)。
本例代码如下:

```html
<!DOCTYPE html>
<html>
    <head>
        <meta charset="utf-8">
        <title>最大宽度属性</title>
        <style type="text/css">
            .common{ width: 300px; height: 100px; }
            .maxWidth1{ max-width: none; background-color: red; }
            .maxWidth2{ max-width: 200px; background-color: blue; }
        </style>
    </head>
    <body>
        <!-- 案例：演示最大宽度属性常用取值效果 -->
        <p class="common maxWidth1">宽度：300px</p>
        <p class="common maxWidth2">宽度：200px</p>
    </body>
</html>
```

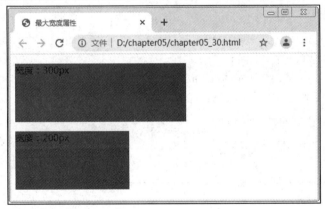

图 5-31　最大宽度属性取值效果

5.6.3　min-width/min-height 属性

1. 最小宽度/高度属性

min-width：其作用为设置元素的最小宽度。

min-height：其作用为设置元素的最小高度。

min-width/min-height
属性

2. 最小宽度/高度属性常用取值

(1) length：定义元素的最小宽度值。默认值，取决于浏览器。

(2) %：定义基于包含它的块级对象的百分比最小宽度。

说明：最小高度属性的常用取值与最小宽度属性的常用取值一致，最小高度属性 min-height 的使用可以参考最小宽度属性。

3. 案例

本案例演示了最小宽度属性常用取值效果，案例中设置两个 p 元素宽度为 50 px、高度为 100 px，设置第 1 个 p 元素最小宽度为 100 px，背景色为红色，设置第 2 个 p 元素最小宽度为 50%，背景色为蓝色。第 1 个 p 元素最小宽度为 100 px，大于元素宽度 50 px，所以元素最终宽度为 100 px，第 2 个 p 元素最小宽度 50%大于元素宽度 50 px，所以元素最终宽度为 50%。代码如例 5-31 所示，显示效果如图 5-32 所示。

【例 5-31】 最小宽度属性常用取值应用实例(其代码见文档 chapter05_31.html)。

本例代码如下：

```
<!DOCTYPE html>
<html>
    <head>
        <meta charset="utf-8">
        <title>最小宽度</title>
        <style type="text/css">
            .common{ width: 50px; height: 100px;}
            .minWidth1{min-width: 100px; background-color: red;}
            .minWidth2{min-width: 50%; background-color: blue;}
        </style>
    </head>
    <body>
        <!-- 案例：演示最小宽度属性常用取值效果 -->
        <p class="common minWidth1">宽度：100px</p>
        <p class="common minWidth2"></p>
    </body>
</html>
```

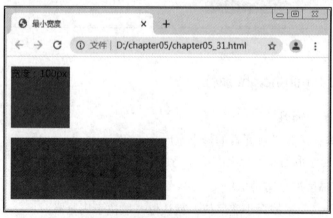

图 5-32　最小宽度属性取值效果

5.7 应用 CSS 实现列表属性设置

CSS 列表属性用于确定列表项标记，可以使用图像作为列表项的标记。

5.7.1 list-style-type 属性

list-style-type 属性

1. 标记类型属性

list-style-type 用于设置列表项标记的类型。

2. 标记类型属性常用取值

(1) none：无标记。

(2) disc：默认，标记是实心圆。

(3) circle：标记是空心圆。

(4) square：标记是实心方块。

(5) decimal：标记是数字。

3. 案例

本案例演示了标记类型属性常用取值效果。案例中设置第 1 个 ul 元素为无标记(none)，设置第 2 个 ul 元素为实心圆标记(disc)，设置第 3 个 ul 元素为空心圆标记(circle)，设置第 4 个 ul 元素为实心方块标记(square)，设置第 5 个 ul 元素为数字标记(decimal)。代码如例 5-32 所示，显示效果如图 5-33 所示。

【例 5-32】 list-style-type 属性应用实例(其代码见文档 chapter05_32.html)。

本例代码如下：

```html
<!DOCTYPE html>
<html>
    <head>
        <meta charset="utf-8">
        <title>标记类型属性</title>
        <style type="text/css">
            .none{ list-style-type: none; }
            .disc{ list-style-type: disc; }
            .circle{ list-style-type: circle; }
            .square{ list-style-type: square; }
            .decimal{ list-style-type: decimal; }
        </style>
    </head>
    <body>
        <!-- 案例：演示标记类型属性常用取值效果 -->
```

```
        <ul class="none">
            <li>HTML</li>
            <li>CSS</li>
        </ul>
        <hr>
        <ul class="disc">
            <li>Java</li>
            <li>SSM</li>
        </ul>
        <hr>
        <ul class="circle">
            <li>Photoshop</li>
            <li>Fireworks</li>
        </ul>
        <hr>
        <ul class="square">
            <li>苹果</li>
            <li>香蕉</li>
        </ul>
        <hr>
        <ul class="decimal">
            <li>百事可乐</li>
            <li>可口可乐</li>
        </ul>
    </body>
</html>
```

图 5-33　标记类型属性取值效果

5.7.2　list-style-image 属性

list-style-image 属性

1. 标记图像属性

list-style-image 用于使用图像来替换列表项的标记。

2. 标记图像属性常用取值

(1) none：默认，无图像被显示。

(2) url：图像的路径。

(3) inherit：从父元素继承标记图像属性取值。

3. 案例

本案例演示了标记图像属性常用取值效果。案例中设置第 1 个 ul 元素为无标记图像 (none)，设置第 2、3 个 ul 元素为标记图像 url('images/star.png')，设置第 3 个 ul 元素的子 ul 元素标记图像继承父 ul 元素。".father ul" 是后代选择器，表示选择 class 属性值是 father 的元素的子元素，且该子元素为 ul 元素。代码如例 5-33 所示，显示效果如图 5-34 所示。

【例 5-33】　list-style-image 属性应用实例(其代码见文档 chapter05_33.html)。

本例代码如下：

```
<!DOCTYPE html>
<html>
    <head>
        <meta charset="utf-8">
        <title>标记图像属性</title>
        <style type="text/css">
            .none{ list-style-image: none; }
            .pic{ list-style-image: url('images/star.png'); list-style-type: circle; }
            .father{ list-style-image: url('images/star.png'); }
            .father ul{ list-style-image: inherit; }
        </style>
    </head>
    <body>
        <!-- 案例：演示标记图像属性常用取值效果 -->
        <ul class="none">
            <li>HTML</li>
            <li>CSS</li>
        </ul>
        <hr>
        <ul class="pic">
            <li>Java</li>
            <li>SSM</li>
        </ul>
```

```
        <hr>
        <ul class="father">
            <li>水果
                <ul>
                    <li>苹果</li>
                    <li>香蕉</li>
                </ul>
            </li>
            <li>蔬菜
                <ul>
                    <li>黄瓜</li>
                    <li>萝卜</li>
                </ul>
            </li>
        </ul>
    </body>
</html>
```

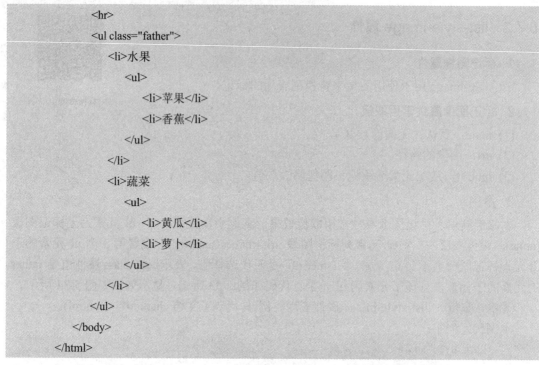

图 5-34　标记图像属性取值效果

5.7.3　list-style-position 属性

1. 标记位置属性

list-style-position 用于设置在何处放置列表项标记。

list-style-position 属性

2. 标记位置属性常用取值

(1) inside：列表项目标记放置在文本以内，且环绕文本根据标记对齐。

(2) outside：默认值，保持标记位于文本的左侧。列表项目标记放置在文本以外，且环绕文本不根据标记对齐。

(3) inherit：从父元素继承标记位置属性取值。

3. 案例

本案例演示了标记位置属性常用取值效果。案例中设置第 1 个 ul 元素标记在文本内 (inside)，设置第 2、3 个标记在文本外(outside)，设置第 3 个 ul 元素的子 ul 元素标记位置继承父 ul 元素。".father ul"是后代选择器，表示选择 class 属性值是 father 的元素的子元素，且该子元素为 ul 元素。代码如例 5-34 所示，显示效果如图 5-35 所示。

【例 5-34】 list-style-position 属性应用实例(其代码见文档 chapter05_34.html)。

本例代码如下：

```
<!DOCTYPE html>
<html>
    <head>
        <meta charset="utf-8">
        <title>标记位置属性</title>
        <style type="text/css">
        .inside{ list-style-position: inside; }
        .outside{ list-style-position: outside; }
        .father{ list-style-position: outside; }
        .father ul{ list-style-position: inherit; }
        </style>
    </head>
    <body>
        <!-- 案例：演示标记位置属性常用取值效果 -->
        <!-- inside：列表项目标记放置在文本以内 -->
        <!-- 为 outside：默认值。列表项目标记放置在文本以外 -->

        <ul class="inside">
            <li>HTML</li>
            <li>CSS</li>
        </ul>
        <hr>
        <ul class="outside">
            <li>Java</li>
            <li>SSM</li>
        </ul>
```

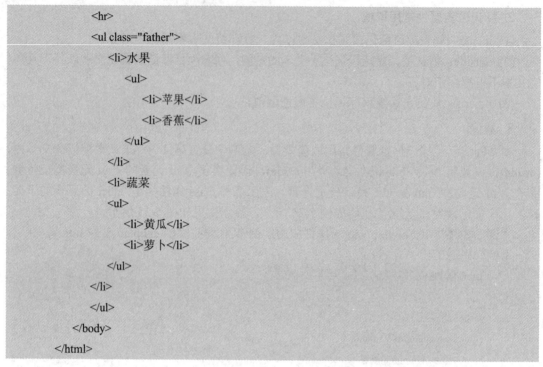

```
        <hr>
        <ul class="father">
            <li>水果
                <ul>
                    <li>苹果</li>
                    <li>香蕉</li>
                </ul>
            </li>
            <li>蔬菜
            <ul>
                <li>黄瓜</li>
                <li>萝卜</li>
            </ul>
            </li>
        </ul>
    </body>
</html>
```

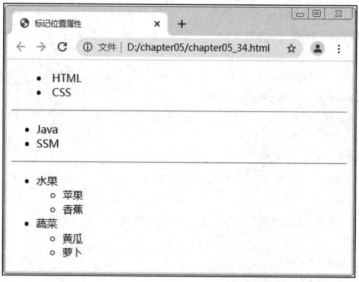

图 5-35　标记位置属性取值效果

5.7.4　list-style 属性

1. 列表简写属性

list-style 用于在一个声明中设置所有的列表属性。

2. 列表简写属性语法

建议按照如下顺序设置各属性值，各属性值间使用空格进行分隔。

list-style 属性

list-style-type：标记类型。

list-style-position：标记位置。

list-style-image：标记图像。

3. 注意事项

可以不设置其中的某个值，未设置的属性会使用其默认值。

4. 案例

本案例演示列表简写属性 list-style 常用取值效果。案例中设置 ul 元素标记类型为空心圆(circle)、标记位置在文本外(outside)，标记图像为 url('images/star.png')，注释代码部分为列表标记各属性分开设置情况。代码如例 5-35 所示，显示效果如图 5-36 所示。

【例 5-35】　list-style 属性应用实例(其代码见文档 chapter05_35.html)。

本例代码如下：

```
<!DOCTYPE html>
<html>
    <head>
        <meta charset="utf-8">
        <title>标记简写属性</title>
        <style type="text/css">
            ul{ list-style: circle outside url('images/star.png'); }
            /*注释代码部分为列表标记各属性分开设置情况*/
            /* ul {
                list-style-type: circle;
                list-style-position: outside;
                list-style-image: url('images/star.png');
            } */
        </style>
    </head>
    <body>
        <!-- 案例：演示标记简写属性实现效果 -->
        <ul>
            <li>
                <p>张三</p>
                <p>SanZhang</p>
            </li>
            <li>
                <p>李四</p>
                <p>SiLi</p>
            </li>
            <li>
```

```
            <p>王五</p>
            <p>WuWang</p>
        </li>
    </ul>
</body>
</html>
```

图 5-36　列表简写属性取值效果

5.8　应用 CSS 实现表格属性设置

CSS 表格属性用于改变表格的外观。

5.8.1　border-collapse 属性

1. 边框合并属性

border-collapse 用于设置表格的边框是否被合并为一个单一的边框。

border-collapse 属性

2. 边框合并属性常用取值

(1) separate: 默认值，边框会被分开。不会忽略 border-spacing 和 empty-cells 属性。

(2) collapse: 边框合并为一个单一的边框。忽略 border-spacing 和 empty-cells 属性。

3. 案例

本案例演示了边框合并属性常用取值效果。案例中设置了一个带有表格标题的 3 行 3 列表格，表格及单元格边框均设置为 border: 1 px solid #000。当设置表格 border-collapse: separate 时，表格边框分开；当设置表格 border-collapse: collapse 时，表格边框合并。代码如例 5-36 所示，显示效果如图 5-37(a)、图 5-37(b)所示。

【例 5-36】　border-collapse 属性应用实例(其代码见文档 chapter05_36.html)。

本例代码如下：

```
<!DOCTYPE html>
<html>
    <head>
        <meta charset="utf-8">
        <title>边框合并属性</title>
        <style type="text/css">
            table {
                border: 1px solid #000;
                border-collapse: separate;
                /*border-collapse: collapse;*/
            }
            td {
                border: 1px solid #000;
            }
        </style>
    </head>
    <body>
        <!-- 案例：演示边框合并属性常用取值效果 -->
        <table>
            <caption>学生信息表</caption>
            <tr>
                <td>学号</td>
                <td>姓名</td>
                <td>年龄</td>
            </tr>
            <tr>
                <td>01</td>
                <td>张三</td>
                <td>20</td>
            </tr>
            <tr>
                <td>02</td>
                <td>李四</td>
                <td>18</td>
            </tr>
        </table>
    </body>
</html>
```

(a) 边框合并属性 separate 取值效果

(b) 边框合并属性 collapse 取值效果

图 5-37 边框合并属性取值效果

5.8.2 border-spacing 属性

border-spacing 属性

1. 单元格间距属性

border-spacing 用于设置相邻单元格的边框间的距离(仅用于"边框分离"模式)。

2. 单元格间距属性常用取值

(1) 如果定义一个 length 参数，那么定义的是水平和垂直间距。

(2) 如果定义两个 length 参数，那么第一个设置水平间距，而第二个设置垂直间距。

说明：以上 length 参数可以使用 px 等单位。

3. 注意事项

(1) 单元格间距属性不允许使用负值。

(2) border-collapse(边框合并属性)被设置为 separate(分离)时，该属性有效。

4. 案例

本案例演示了单元格间距属性常用取值效果。案例中设置了一个带有表格标题的 3 行 3 列表格，表格及单元格边框均设置为 border: 1 px solid #000，表格边框设置为分离模式

(separate)。当设置表格 border-spacing: 5 px 时，表格单元格水平垂直间距为 5 px；当设置表格 border-spacing: 5 px 10 px 时，表格单元格水平间距为 5 px，垂直间距为 10 px。代码如例 5-37 所示，显示效果如图 5-38(a)、图 5-38(b)所示。

【例 5-37】　border-spacing 属性应用实例(其代码见文档 chapter05_37.html)。

本例代码如下：

```
<!DOCTYPE html>
<html>
    <head>
        <meta charset="utf-8">
        <title>单元格间距属性</title>
        <style type="text/css">
            table {
                border: 1px solid #000;
                border-collapse: separate;
                border-spacing: 5px;
                /*border-spacing: 5px 10px;*/
            }
            td {
                border: 1px solid #000;
            }
        </style>
    </head>
    <body>
        <!-- 案例：演示单元格间距属性常用取值效果 -->
        <table>
        <caption>学生信息表</caption>
        <tr>
            <td>学号</td>
            <td>姓名</td>
            <td>年龄</td>
        </tr>
        <tr>
            <td>01</td>
            <td>张三</td>
            <td>20</td>
        </tr>
        <tr>
            <td>02</td>
            <td>李四</td>
```

```
            <td>18</td>
        </tr>
    </table>
</body>
</html>
```

(a) 单元格水平垂直间距为 5 px 的效果

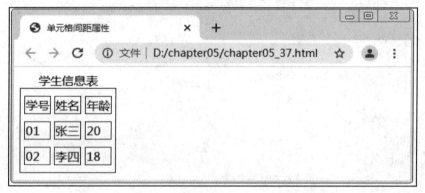

(b) 单元格水平间距为 5 px、垂直间距为 10 px 的效果

图 5-38　单元格间距属性的取值效果

5.8.3　caption-side 属性

1. 表格标题位置属性

caption-side 用于设置表格标题的位置。

2. 表格标题位置属性常用取值

(1) top：默认值，把表格标题定位在表格之上。

(2) bottom：把表格标题定位在表格之下。

3. 案例

caption-side 属性

本案例演示了表格标题位置属性常用取值效果。案例中设置了一个带有表格标题的 3 行 3 列表格，表格及单元格边框均设置为 border: 1 px solid #000，表格边框设置为合并模式(collapse)。当设置表格 caption-side: top 时，标题显示在表格上方；当设置表格 caption-side: bottom 时，标题显示在表格下方。代码如例 5-38 所示，显示效果如图 5-39(a)、

图 5-39(b)所示。

【例 5-38】　caption-side 属性应用实例(其代码见文档 chapter05_38.html)。

本例代码如下：

```
<!DOCTYPE html>
<html>
    <head>
        <meta charset="utf-8">
        <title>表格标题位置属性</title>
        <style type="text/css">
            table {
                border: 1px solid #000;
                border-collapse: collapse;
                caption-side: top;
                /*caption-side: bottom;*/
            }
            td {
                border: 1px solid #000;
            }
        </style>
    </head>
    <body>
        <!-- 案例：演示表格标题位置属性常用取值效果 -->
        <table>
        <caption>学生信息表</caption>
        <tr>
            <td>学号</td>
            <td>姓名</td>
            <td>年龄</td>
        </tr>
        <tr>
            <td>01</td>
            <td>张三</td>
            <td>20</td>
        </tr>
        <tr>
            <td>02</td>
            <td>李四</td>
            <td>18</td>
        </tr>
```

```
        </table>
    </body>
</html>
```

(a) 标题显示在表格上方效果

(b) 标题显示在表格下方效果

图 5-39 表格标题位置属性取值效果

5.8.4 empty-cells 属性

1. 空单元格属性

empty-cells 用于设置是否显示表格中的空单元格(仅用于"分离边框"模式)。

empty-cells 属性

2. 空单元格属性常用取值

(1) show：默认值，在空单元格周围绘制边框。

(2) hide：不在空单元格周围绘制边框。

3. 注意事项

该属性定义了不包含任何内容的表格单元格如何表示。如果显示，就会绘制出单元格的边框和背景。当 border-collapse(边框合并属性)被设置为 separate(分离)时，该属性有效。

4. 案例

本案例演示了空单元格属性常用取值效果。案例中设置了一个带有表格标题的 3 行 3 列表格，表格及单元格边框均设置为 border: 1 px solid #000，表格边框设置为分离模式 (separate)。当设置表格 empty-cells: show 时，显示空单元格；当设置表格 empty-cells: hide

时，不显示空单元格。代码如例 5-39 所示，显示效果如图 5-40(a)、图 5-40(b)所示。

【例 5-39】　empty-cells 属性应用实例(其代码见文档 chapter05_39.html)。

本例代码如下：

```html
<!DOCTYPE html>
<html>
    <head>
        <meta charset="utf-8">
        <title>空单元格属性</title>
        <style type="text/css">
            table {
                border: 1px solid #000;
                border-collapse: separate;
                empty-cells: show;
                /*empty-cells: hide;*/
            }

            td {
                border: 1px solid #000;
            }
        </style>
    </head>
    <body>
        <!-- 案例：演示空单元格属性常用取值效果 -->
        <table>
            <caption>学生信息表</caption>
            <tr>
                <td>学号</td>
                <td>姓名</td>
                <td>年龄</td>
            </tr>
            <tr>
                <td>01</td>
                <td>张三</td>
                <td></td>
            </tr>
            <tr>
                <td>02</td>
                <td>李四</td>
                <td></td>
```

```
                    </tr>
                </table>
            </body>
        </html>
```

(a) 显示空单元格取值效果

(b) 不显示空单元格取值效果

图 5-40　空单元格属性取值效果

5.8.5　tableLayout 属性

1. 表格算法规则属性

tableLayout 是用来确定显示表格的单元格、行、列的算法规则。

tableLayout 属性

2. 表格算法规则属性常用取值

(1) automatic：默认，即自动表格布局，列宽度由单元格内容设定。

具体来说，列的宽度是由列单元格中没有折行的最宽的内容设定的，此算法有时会较慢，这是由于它需要在确定最终的布局之前访问表格中所有的内容。

(2) fixed：固定表格布局，列宽由表格宽度设定。

具体来说，其允许浏览器更快地对表格进行布局，水平布局仅取决于表格宽度、列宽度、表格边框宽度、单元格间距，而与单元格的内容无关。

3. 注意事项

该属性指定了完成表布局时所用的布局算法。固定布局算法比较快，但是不太灵活，而自动算法虽然比较慢，但是更能反映传统的 HTML 表格。

4. 案例

本案例演示了表格算法规则属性常用取值效果。案例中设置两个表格均为 1 行 3 列，表格宽度均为 100%，表格及单元格边框均设置为 border: 1 px solid #000。设置第 1 个单元格宽度均为 20%，第 2、3 个单元格宽度均为 40%，设置第 1 个表格算法规则为自动 (automatic)，列宽度由单元格内容设定，所以单元格内容完全呈现。设置设置第 2 个表格算法规则为固定(fixed)，列宽由表格宽度和列宽度设定，所以单元格内容没能完全呈现。代码如例 5-40 所示，显示效果如图 5-41 所示。

【例 5-40】 tableLayout 属性应用实例(其代码见文档 chapter05_40.html)。

本例代码如下：

```
<!DOCTYPE html>
<html>
    <head>
        <meta charset="utf-8">
        <title>表格算法规则属性</title>
        <style type="text/css">
            table{ width:100%; border: 1px solid #000;}
            td{ border: 1px solid #000; }
            .automatic { table-layout: automatic; }
            .fixed { table-layout: fixed; }
        </style>
    </head>
    <body>
        <!-- 案例：演示表格算法规则属性常用取值效果 -->
        <!-- automatic：默认。即自动表格布局，列宽度由单元格内容设定，算法比较慢 -->
        <!-- fixed：固定表格布局，列宽由表格宽度和列宽度设定，算法比较快 -->
        <table class="automatic">
            <tr>
                <td width="20%">00000000000000000</td>
                <td width="40%">11111111</td>
                <td width="40%">222</td>
            </tr>
        </table>
        <br/>
        <table class="fixed">
            <tr>
                <td width="20%">00000000000000000</td>
                <td width="40%">11111111</td>
                <td width="40%">222</td>
            </tr>
```

```
            </table>
        </body>
    </html>
```

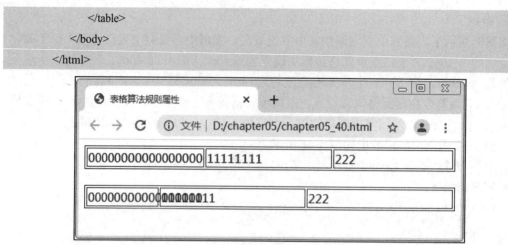

图 5-41   表格算法规则属性取值效果

5.9   综 合 案 例

本案例综合应用本章所学样式单、选择器、CSS 属性，实现图文混排。其中图片通过设置元素背景图像实现，margin 属性为设置元素外边距，padding 属性为设置元素内边距，border 属性为设置元素边框，具体使用方式可参考第 6 章，代码如例 5-41 所示，显示效果如图 5-42 所示。

【例 5-41】   综合案例(其代码见文档 chapter05_41.html)。

本例代码如下：

```
<!DOCTYPE html>
<html lang="en">
    <head>
        <meta charset="UTF-8">
        <title>综合案例</title>
        <style>
            body{
                margin: 0;/* 设置元素上、右、下、左外边距为 0 */
                padding: 0;/* 设置元素上、右、下、左内边距为 0 */
                font-size: 14px;
                font-family: 'Microsoft YaHei' ;
            }
            #container{
                margin: 20px auto;    /* 设置元素上、下外边距为 20 px，左、右外边距为 auto,
                                        可实现元素水平居中效果 */
                width: 600px;
```

```
            height: 340px;
            background-color: #eee;
            background-image: url(images/libai.png);
            background-repeat: no-repeat;
            background-position: right top;
            border: 1px solid darkgray;/* 设置元素边框线为 1 px 宽，实线，深灰色 */
        }
        .content{
            width: 450px;
            text-align: center;
        }
        h3{
            margin: 15px 0    0    0;/* 设置元素上外边距为 15 px，右、下、左外边距为 0 */
            font-weight: normal;
            font-size: 28px;
        }
        h4{
            margin: 6px 0    0    0;/* 设置元素上外边距为 6 px，右、下、左外边距为 0 */
            font-weight: normal;
            font-size: 16px;
        }
        p.annotation{
            color: gray;
            font-size: 10px;
            font-style: italic;
        }
    </style>
</head>
<body>
    <div id="container">
    <div class="content">
    <h3>送友人</h3>
    <h4>李白 [唐代]</h4>
    <p>青山横北郭，白水绕东城。</p>
    <p class="annotation">青翠的山峦横卧在城墙的北面，波光粼粼的流水围绕着城的东边。</p>
    <p>此地一为别，孤蓬万里征。</p>
    <p class="annotation">在此地我们相互道别，你就像孤蓬那样随风飘荡，到万里之外远行去了。</p>
    <p>浮云游子意，落日故人情。</p>
    <p class="annotation">浮云像游子一样行踪不定，夕阳徐徐下山，似乎有所留恋。</p>
```

```
            <p>挥手自兹去，萧萧班马鸣。</p>
            <p class="annotation">频频挥手作别从此离去，马儿也为惜别声声嘶鸣。</p>
        </div>
    </div>
</body>
</html>
```

图 5-42　综合案例效果

本 章 小 结

本章介绍了文本、尺寸、表格属性、背景、字体、列表属性及其简写属性的使用方法。通过案例，重点讲解了 CSS 三种样式单、元素选择器、id 选择器、类选择器的应用。

习 题 与 实 践

一、选择题

1. 以下哪个属性可以用来实现设置元素的背景图片(　　　)。

A. background-color   B. background-image

C. background-repeat   D. background-position

2. 以下哪个属性可以用来实现文本修饰，如设置文本下划线(　　)。

A. text-align   B. text-indent

C. text-transform   D. text-decoration

3. 以下哪个属性可以实现将表格边框设置为单一边框(　　)。

A. border-collapse   B. border-spacing

C. caption-side   D. empty-cells

4. 以下哪个属性可以实现设置文本的粗细(　　)。

A. font-family   B. font-size   C. font-style   D. font-weight

5. 以下哪个属性不是简写属性(　　)。

A. font   B. background   C. listStyle   D. list-style

二、简答题

1. 请阐述内联样式单、内部样式单、外部样式单的应用特点。

2. 请举例说明 id 选择器、类选择器的应用特点。

3. 请阐述为什么设置字体属性时，一般都会设置一个通用字体系列。

三、实践演练

参考本章综合案例，请实现图 5-43 所示的页面效果。

图 5-43　实践演练页面效果

CSS 盒模型与布局属性

 学习目标

✦ 能够正确识别 CSS 盒模型;

✦ 能够正确使用 CSS 内边距、外边距、简写属性;

✦ 能够正确使用 CSS 边框及简写属性;

✦ 了解 CSS 轮廓属性;

✦ 能够正确使用浮动属性;

✦ 能够正确使用定位属性。

6.1 CSS 盒模型概述

在 HTML 文档中,每个元素(element)都有盒模型(Box Model),在 Web 世界里,盒模型无处不在,掌握盒模型也是实现网页设计、布局的基础。

在网页设计中,CSS 盒模型包含的属性有内容(content)、内边距/填充(padding)、边框(border)、外边距(margin)。如图 6-1 所示为 w3school 提供的元素盒模型示意图。

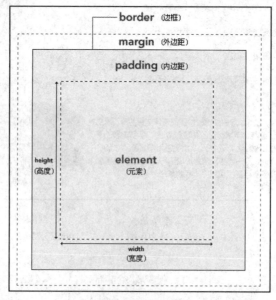

图 6-1 元素盒模型示意图

CSS 盒模型各属性意义如下：

(1) 内容(content)：如图 6-1 所示，由内部虚线围成的区域，一般为实际的内容。

(2) 内边距/填充(padding)：如图 6-1 所示，内部虚线与实线间的部分。

(3) 边框(border)：如图 6-1 所示的实线，即内边距的边缘。

(4) 外边距(margin)：如图 6-1 所示，外部虚线与实线间的部分。

注意事项：

(1) 背景作用于由内容和内边距、边框组成的区域。

(2) 外边距默认是透明的，因此不会遮挡其后的任何元素。

掌握盒模型及其包含属性后，我们就可以实现元素的宽度、高度的计算了，这对于元素在网页中的占位十分重要。

元素宽度计算公式如下：

元素宽度 = 内容宽度 + 左内边距 + 右内边距 + 左边框 + 右边框 + 左外边距 + 右外边距

元素高度计算公式如下：

元素高度 = 内容高度 + 上内边距 + 下内边距 + 上边框 + 下边框 + 上外边距 + 下外边距

下面我们通过一个实例来说明元素宽度的计算，如图 6-2 所示，div 元素盒模型各属性及取值如下：

(1) 内容(content)：70 px。

(2) 内边距/填充(padding)：左内边距 + 右内边距 = 5 px + 5 px = 10 px。

(3) 边框(border)：左边框 + 右边框 = 5 px + 5 px = 10 px。

(4) 外边距(margin)：左外边距 + 右外边距 = 10 px + 10 px = 20 px。

综上所述，以上各项累加，div 元素的宽度为 70 px + 10 px + 10 px + 20 px = 110 px。有时在计算元素的宽度时会除去元素的外边距值，若去除元素外边距，则元素的宽度为 70 px + 10 px + 10 px = 90 px。

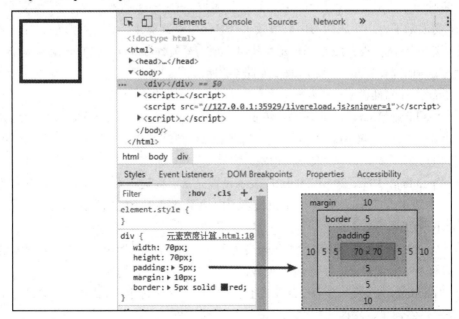

图 6-2　div 元素及样式设置

6.2 应用CSS实现内边距、外边距属性设置

6.2.1 内边距属性

内边距属性定义了元素边框与元素内容之间的空白区域，也称之为"填充"。

内边距属性

1. 内边距属性名称

内边距属性名称如下：

padding-left 属性：设置元素左内边距。

padding-right 属性：设置元素的右内边距。

padding-top 属性：设置元素的上内边距。

padding-bottom 属性：设置元素的下内边距。

padding 简写属性：在一个声明中设置所有内边距属性。

2. 内边距属性常用取值

length：带有单位的数值，单位如像素等，默认值是 0。

%：规定基于父元素的宽度/高度的百分比值。

3. 注意事项

以上属性不允许使用负值。

4. 案例

本案例演示了内边距属性常用取值效果。案例中设置前 4 个 p 元素的左、右、上、下内边距分别为 10 px，设置后 4 个 p 元素其内边距简写属性 padding 取值分别为 4、3、2、1 种情况。代码如例 6-1 所示，显示效果如图 6-3 所示。

padding 简写属性说明如下：

(1) "padding: 10 px 20 px 30 px 40 px;"表示设置元素上、右、下、左内边距分别为 10 px、20 px、30 px、40 px，即第 1 个值代表上内边距，第 2 个值代表右内边距，第 3 个值代表下内边距，第 4 个值代表左内边距。

(2) "padding: 10 px 20 px 30 px;"表示设置元素上内边距为 10 px，左、右内边距为 20 px，下内边距为 30 px，即第 1 个值代表上内边距，第 2 个值代表左、右内边距，第 3 个值代表下内边距。

(3) "padding: 10 px 20 px;"表示设置元素上、下内边距为 10 px，左、右内边距为 20 px，即第 1 个值代表上、下内边距，第 2 个值代表左、右内边距。

(4) "padding: 10 px;"表示设置元素上、右、下、左内边距均为 10 px，即只有 1 个值时，代表上、右、下、左内边距。

【例 6-1】　内边距属性应用实例(其代码见文档 chapter06_01.html)。

本例代码如下:

```html
<!DOCTYPE html>
<html>
    <head>
        <meta charset="utf-8">
        <title>内边距属性</title>
        <style type="text/css">
            p { padding: 0; width: 102px; background-color: yellow; }
            .paddingLeft { padding-left: 10px; }
            .paddingRight { padding-right: 10px; }
            .paddingTop { padding-top: 10px; }
            .paddingBottom { padding-bottom: 10px; }
            .arg4 { padding: 10px 20px 30px 40px; }
            .arg3 { padding: 10px 20px 30px; }
            .arg2 { padding: 10px 20px; }
            .arg1 { padding: 10px; }
        </style>
    </head>
    <body>
        <!-- 案例：演示内边距属性常用取值效果 -->
        <p class="paddingLeft">左内边距 10px</p>
        <p class="paddingRight">右内边距 10px</p>
        <p class="paddingTop">上内边距 10px</p>
        <p class="paddingBottom">下内边距 10px</p>
        <hr>
        <p class="arg4">上内边距 10px</br>右内边距 20px</br>下内边距 30px</br>
            左内边距 40px </p>
        <p class="arg3">上内边距 10px</br>右内边距 20px</br>下内边距 30px</br>
            左内边距 20px</p>
        <p class="arg2">上内边距 10px</br>右内边距 20px</br>下内边距 10px</br>
            左内边距 20px</p>
        <p class="arg1">上内边距 10px</br>右内边距 10px</br>下内边距 10px</br>
            左内边距 10px</p>
    </body>
</html>
```

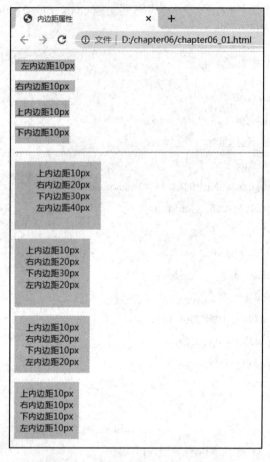

图 6-3　内边距属性常用取值效果

6.2.2　外边距属性

外边距会在元素外创建额外的"空白"，通过设置元素外边距可以实现元素间的间隔。

1. 外边距属性名称

外边距属性名称如下：

margin-left 属性：设置元素的左外边距。

margin-right 属性：设置元素的右外边距。

margin-top 属性：设置元素的上外边距。

margin-bottom 属性：设置元素的下外边距。

margin 简写属性：在一个声明中设置所有外边距属性。

外边距属性

2. 外边距属性常用取值

auto：浏览器自动计算外边距数值。

length：带有单位的数值，单位如像素等，默认值是 0。

%：规定基于父元素的宽度/高度的百分比值。

3. 注意事项

(1) 以上属性允许使用负值。

(2) 在实际中，浏览器对许多元素已经提供了预定的样式。例如，body 元素默认拥有上、右、下、左各 8 px 的外边距，为了实现页面效果，这时往往需要进行样式重置，即将元素外边距设置为 0。

4. 案例

• 案例 1：本案例演示了外边距属性取值为固定值的效果。案例中设置 div 元素左外边距为 10 px，上外边距为 20 px。代码如例 6-2 所示，显示效果如图 6-4(a)所示。

• 外边距属性取值允许为负值，如将本案例左外边距修改为 −10 px，即"margin-left: −10 px;"，则显示效果如图 6-4(b)所示。

【例 6-2】　外边距属性取值为固定值的应用实例(其代码见文档 chapter06_02.html)。

本例代码如下：

```
<!DOCTYPE html>
<html>
<head>
 <meta charset="utf-8">
 <title>外边距属性</title>
 <style type="text/css">
  body {margin: 0;padding: 0;}
  div {margin: 0;padding: 0;}
  .marginTopLeft {
        width: 102px;
        height: 100px;
        background-color: yellow;
        margin-left: 10px;
        margin-top: 20px;
        /*margin-left: -10px;*/
   }
 </style>
</head>
<body>
 <!-- 案例 1：演示外边距属性取值为固定值，如以像素为单位的效果 -->
 <div class="marginTopLeft">
   左外边距 10px<br />
   上外边距 20px
 </div>
</body>
</html>
```

(a) 外边距属性值为固定值效果

(b) 外边距属性值为负值的效果

图 6-4　外边距属性值取值效果

• 案例 2：本案例演示了外边距简写属性 margin 取值为四个值的效果。案例中设置 div 元素上、右、下、左外边距分别为 10 px、20 px、30 px、40 px，其他各属性取值情况读者可参考代码自行练习。代码如例 6-3 所示，显示效果如图 6-5 所示。

margin 简写属性说明：该属性的取值个数、意义与内边距简写属性 padding 一致，具体使用方法可参考 padding 属性。

【例 6-3】　margin 简写属性的应用实例(其代码见文档 chapter06_03.html)。

本例代码如下：

```html
<html>
  <head>
    <meta charset="utf-8">
    <title>外边距属性</title>
    <style type="text/css">
      body {margin: 0;padding: 0;}
      div {margin: 0;padding: 0;}
      .set {
        width: 102px;
        height: 100px;
        background-color: yellow;
      }
```

```
            .arg4 { margin: 10px 20px 30px 40px; }

            .arg3 { margin: 10px 20px 30px; }

            .arg2 { margin: 10px 20px; }

            .arg1 { margin: 10px; }

        </style>

    </head>

    <body>

        <!-- 案例2：演示外边距属性设置为不同个数值的实现效果 -->

        <div class="set arg4">

            上外边距 10px</br>

            右外边距 20px</br>

            下外边距 30px</br>

            左外边距 40px

        </div>

    </body>

</html>
```

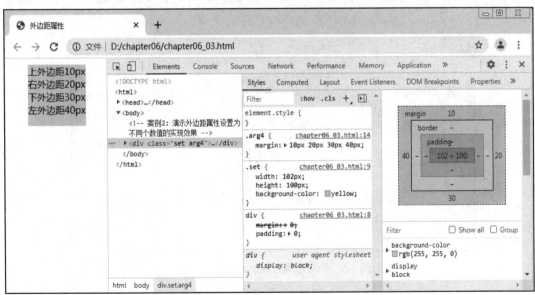

图 6-5　外边距简写属性 margin 取值为四个值的效果

• 案例 3：本案例演示了外边距属性取值为 auto 的效果。案例中设置 div 元素的左、右外边距为 auto，上、下外边距为 0，通过将元素的左、右外边距设置为 auto，可实现块级元素水平居中的效果。代码如例 6-4 所示，显示效果如图 6-6 所示。

【例 6-4】　外边距属性取值为 auto 的应用实例(其代码见文档 chapter06_04.html)。

本例代码如下：

```
<!DOCTYPE html>

<html>
```

```
    <head>
        <meta charset="utf-8">
        <title>外边距属性</title>
        <style type="text/css">
            body {margin: 0;padding: 0;}
            div {margin: 0;padding: 0;}
            .auto {
                width: 100px;
                height: 100px;
                background-color: yellow;
                margin: 0 auto;
            }
        </style>
    </head>
    <body>
        <!-- 案例 3：演示外边距属性取值为 auto 的效果 -->
        <div class="auto">水平居中</div>
    </body>
</html>
```

图 6-6　外边距属性取值为 auto 的效果

6.3　应用 CSS 实现边框、轮廓属性设置

6.3.1　边框属性

通过使用 CSS 边框属性，可以创建出效果出色的边框。边框属性可以应用于任何元素。每个边框均有样式、颜色、宽度属性可以设置。

1．边框样式属性

1) 边框样式属性名称

边框样式属性名称如下：

边框样式属性

(1) border-left-style 属性：设置元素左边框的样式。

(2) border-right-style 属性：设置元素右边框的样式。

(3) border-top-style 属性：设置元素上边框的样式。

(4) border-bottom-style 属性：设置元素下边框的样式。

(5) border-style 简写属性：用于设置元素所有边框的样式，或者单独地为各边设置边框样式。border-style 简写属性说明如下：

border-style 简写属性可以设置 4、3、2、1 个值。

若设置 4 个值，则 4 个值依次代表上、右、下、左边框样式。

若设置 3 个值，则第 1 个值代表上边框样式，第 2 个值代表左、右边框样式，第 3 个值代表下边框样式。

若设置 2 个值，则第 1 个值代表上、下边框样式，第 2 个值代表左、右边框样式。

若设置 1 个值，则上、右、下、左边框样式均为此值。

2) 边框样式属性常用取值

none：定义无边框。

dashed：定义虚线。

solid：定义实线。

double：定义双线。

3) 案例

本案例演示了边框样式属性及其简写属性常用取值效果。案例中设置第 1 个 p 元素左、右、上、下边框样式分别为虚线(dashed)、双线(double)、无边框(none)、实线(solid)；设置第 2 个 p 元素的边框样式简写属性为 border-style 且 4 个边框样式设置效果与第 1 个 p 元素相同。程序代码如例 6-5 所示，显示效果如图 6-7 所示。

【例 6-5】　边框样式属性的应用实例(其代码见文档 chapter06_05.html)。

本例代码如下：

```
<!DOCTYPE html>
<html>
    <head>
        <meta charset="utf-8">
        <title>边框样式属性</title>
        <style type="text/css">
            .borderStyle {
                border-left-style: dashed;/* 虚线 */
                border-right-style: double;/* 双线 */
                border-top-style: none;/* 无边框 */
                border-bottom-style: solid;/* 实线 */
```

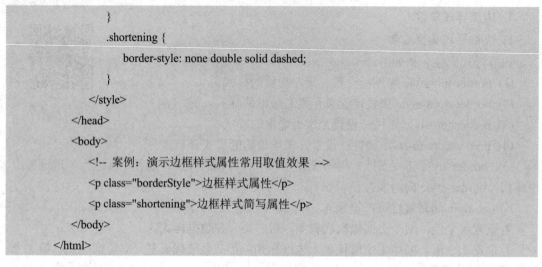

```
            }
        .shortening {
            border-style: none double solid dashed;
        }
    </style>
</head>
<body>
    <!-- 案例：演示边框样式属性常用取值效果  -->
    <p class="borderStyle">边框样式属性</p>
    <p class="shortening">边框样式简写属性</p>
</body>
</html>
```

图 6-7　边框样式属性取值效果

2. 边框颜色属性

1) 边框颜色属性名称

边框颜色属性名称如下：

边框颜色属性

border-left-color 属性：设置元素左边框的颜色。

border-right-color 属性：设置元素右边框的颜色。

border-top-color 属性：设置元素上边框的颜色。

border-bottom-color 属性：设置元素下边框的颜色。

border-color 简写属性：设置元素的所有边框中可见部分的颜色，或为 4 个边分别设置颜色。border-color 简写属性可以分别设置 4、3、2、1 个取值，使用方法可参考 border-style 简写属性的使用。

2) 边框颜色属性常用取值

color_name：颜色值为颜色名称(如 red)。

hex_number：颜色值为十六进制值(如#FF0000)。

rgb_number：颜色值为 rgb 代码(如 rgb(255,0,0))。

transparent：默认值，边框颜色为透明。

3) 注意事项

(1) 边框颜色只能定义纯色。

(2) 边框的样式不能为 none 或 hidden，否则边框不会出现。

(3) 务必将 border-style 属性声明到 border-color 属性之前，即元素必须在改变其颜色之前获得边框。

4) 案例

本案例演示了边框颜色属性及其简写属性常用取值效果。案例中设置第 1 个 p 元素左、右、上、下边框颜色分别为红色(red)、红色(#FF0000)、透明色(transparent)、红色(rgb(255, 0, 0))；设置第 2 个 p 元素的边框颜色简写属性为 border-color，且 4 个边框颜色设置效果与第 1 个 p 元素相同。程序代码如例 6-6 所示，显示效果如图 6-8 所示。

【例 6-6】　边框颜色属性取值的应用实例(其代码见文档 chapter06_06.html)。

本例代码如下：

```
<!DOCTYPE html>
<html>
    <head>
        <meta charset="utf-8">
        <title>边框颜色属性</title>
        <style type="text/css">
            .common {
                border-style: solid double solid dashed;
            }
            .borderColor {
                border-left-color: red;
                border-right-color: #FF0000;
                border-top-color: transparent;
                border-bottom-color: rgb(255, 0, 0);
            }
            .shortening {
                border-color: transparent #FF0000 rgb(255, 0, 0) red;
            }
        </style>
    </head>
    <body>
        <!-- 案例：演示边框颜色属性常用取值效果 -->
        <p class="common borderColor">边框颜色属性</p>
        <p class="common shortening">边框颜色简写属性</p>
    </body>
</html>
```

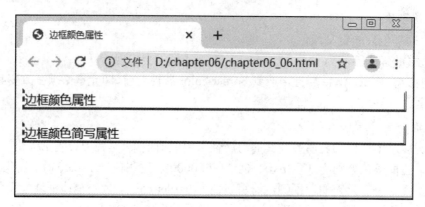

图 6-8　边框颜色属性取值效果

3. 边框宽度属性

1) 边框宽度属性

边框宽度属性

border-left-width 属性：设置元素的左边框的宽度。

border-right-width 属性：设置元素的右边框的宽度。

border-top-width 属性：设置元素的上边框的宽度。

border-bottom-width 属性：设置元素的下边框的宽度。

border-width 简写属性：用于为元素的所有边框设置宽度，或者单独地为各边边框设置宽度。

border-width 简写属性可以分别设置 4、3、2、1 个取值，使用方法可参考 border-style 简写属性的使用。

2) 边框宽度属性常用取值

thin：定义细的边框。

medium：默认值，定义中等宽度的边框。

thick：定义粗的边框。

length：允许自定义边框的宽度。

3) 注意事项

(1) 只有当边框样式不是 none 时才起作用。如果边框样式是 none，边框宽度实际上会重置为 0。

(2) 边框宽度属性值不允许指定负长度值。

(3) 务必将 border-style 属性声明到 border-width 属性之前。元素只有在获得边框之后，才能改变其边框的宽度。

4) 案例

本案例演示了边框宽度属性及其简写属性常用取值效果。案例中设置第 1 个 p 元素左、右、上、下边框宽度分别为中等(medium)、细(thin)、粗(thick)、10px；设置第 2 个 p 元素的边框宽度简写属性为 border-width，且 4 个边框宽度设置效果与第 1 个 p 元素相同。程序代码如例 6-7 所示，显示效果如图 6-9 所示。

【例 6-7】　边框宽度属性取值的应用实例(其代码见文档 chapter06_07.html)。

本例代码如下：

```html
<!DOCTYPE html>
<html>
    <head>
        <meta charset="utf-8">
        <title>边框宽度属性</title>
        <style type="text/css">
            .common {
                border-style: solid;
                border-color: red;
            }
            .borderWidth {
                border-left-width: medium;/* 中等的边框 */
                border-right-width: thin;/* 细的边框 */
                border-top-width: thick;/* 粗的边框 */
                border-bottom-width: 10px;/* 自定义边框的宽度 */
            }
            .shortening {
                border-width: thick thin 10px medium;
            }
        </style>
    </head>
    <body>
        <!-- 案例：演示边框宽度属性常用取值效果 -->
        <p class="common borderWidth">边框宽度属性</p>
        <p class="common shortening">边框宽度简写属性</p>
    </body>
</html>
```

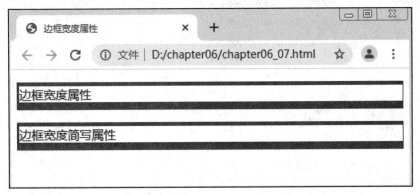

图 6-9　边框宽度属性常用取值效果

4. 上、右、下、左边框简写属性

1) 上、右、下、左边框简写属性名称

各边框简写属性名称如下：

border-left 属性：把左边框的所有属性设置到一个声明中。

border-right 属性：把右边框的所有属性设置到一个声明中。

border-top 属性：把上边框的所有属性设置到一个声明中。

border-bottom 属性：把下边框的所有属性设置到一个声明中。

上、右、下、左
边框简写属性

2) 简写属性语法

建议按照如下顺序设置各属性值，各属性值间使用空格进行分隔。

border-width：边框宽度。

border-style：边框样式。

border-color：边框颜色。

3) 案例

本案例演示了上、右、下、左边框简写属性常用取值的效果。案例中设置 p 元素左边框宽度为 2 px、样式为 solid、颜色为 red，右边框宽度为 2 px、样式为 dashed、颜色为 blue，上、下边框宽度为 5 px、样式为 double、颜色为 green。程序代码如例 6-8 所示，显示效果如图 6-10 所示。

【例 6-8】 各边框简写属性应用实例(其代码见文档 chapter06_08.html)。

本例代码如下：

```
<!DOCTYPE html>
<html>
    <head>
        <meta charset="utf-8">
        <title>各边框简写属性</title>
        <style type="text/css">
            .borderDemo {
                border-left: 2px solid red;
                border-right: 2px dashed blue;
                border-top: 5px double green;
                border-bottom: 5px double green;
            }
        </style>
    </head>
    <body>
        <!-- 案例：演示各边框简写属性取值效果 -->
        <p class="borderDemo">各边框简写属性</p>
    </body>
</html>
```

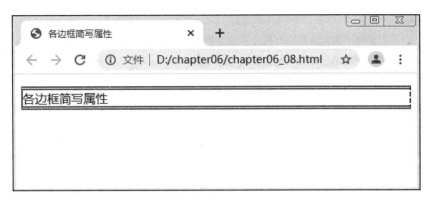

图 6-10　上、右、下、左边框简写属性取值效果

5. 边框简写属性

1) 边框简写属性名称

边框简写属性名称：border，其作用为在一个声明中设置所
有的边框属性。

边框简写属性

2) 边框简写属性语法

建议按照如下顺序设置各属性值，各属性值间使用空格进行分隔。

border-width：边框宽度。

border-style：边框样式。

border-color：边框颜色。

3) 注意事项

如果不设置其中的某个值，也是可以的，如 border:solid #ff0000;。

4) 案例

本案例演示边框简写属性 border 常用取值效果。案例中设置 p 元素上、下、左、右边
框具有相同的宽度 2 px、样式 solid、颜色 blue。程序代码如例 6-9 所示，显示效果如图 6-11
所示。

【例 6-9】　边框简写属性取值的应用实例(其代码见文档 chapter06_09.html)。

本例代码如下：

```html
<!DOCTYPE html>
<html>
    <head>
        <meta charset="utf-8">
        <title>边框简写属性</title>
        <style type="text/css">
            .borderDemo {
                border: 2px solid blue;
            }
        </style>
    </head>
```

```
    <body>
        <!-- 案例：演示边框简写属性实现效果  -->
        <p class="borderDemo">边框简写属性</p>
    </body>
</html>
```

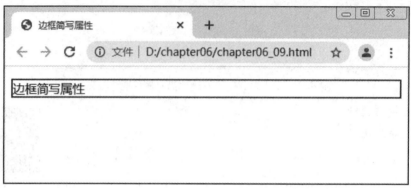

图 6-11　边框简写属性取值效果

6.3.2　轮廓样式属性

轮廓(outline)是绘制于元素周围的一条线，位于边框边缘的外围，可起到突出元素的作用。CSS outline 属性规定了元素轮廓的样式、颜色和宽度。

1. 轮廓样式属性

1) 轮廓样式属性

outline-style 用于设置元素的整个轮廓的样式。

2) 轮廓样式属性常用取值

none：默认值，定义无轮廓。

dotted：定义点状轮廓。

dashed：定义虚线轮廓。

solid：定义实线轮廓。

double：定义双线轮廓。

轮廓样式属性

3) 案例

本案例演示了轮廓样式属性常用取值效果。案例中设置所有 p 元素边框宽度为 2 px、样式为 solid、颜色为 blue，分别设置每个 p 元素轮廓样式为无轮廓(none)、点状轮廓(dotted)、虚线轮廓(dashed)、实线轮廓(solid)、双线轮廓(double)。程序代码如例 6-10 所示，显示效果如图 6-12 所示。

【例 6-10】　轮廓样式属性取值的应用实例(其代码见文档 chapter06_10.html)。

本例代码如下：

```
<!DOCTYPE html>
<html>
```

```
<head>
    <meta charset="utf-8">
    <title>轮廓样式属性</title>
    <style type="text/css">
        .common { border: 2px solid blue; }
        .outlineStyle1 { outline-style: none; /*  无轮廓  */}
        .outlineStyle2 { outline-style: dotted; /*  点状的轮廓  */}
        .outlineStyle3 { outline-style: dashed; /*  虚线轮廓  */}
        .outlineStyle4 { outline-style: solid; /*  实线轮廓  */}
        .outlineStyle5 { outline-style: double; /*  双线轮廓  */}
    </style>
</head>
<body>
    <!-- 案例：演示轮廓样式属性常用取值效果  -->
    <p class="common outlineStyle1">轮廓样式属性 none</p>
    <p class="common outlineStyle2">轮廓样式属性 dotted</p>
    <p class="common outlineStyle3">轮廓样式属性 dashed</p>
    <p class="common outlineStyle4">轮廓样式属性 solid</p>
    <p class="common outlineStyle5">轮廓样式属性 double</p>
</body>
</html>
```

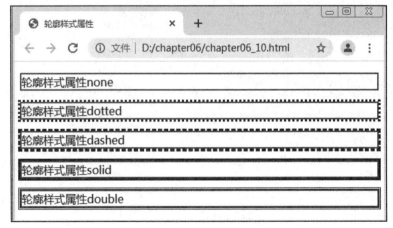

图 6-12 轮廓样式属性取值效果

2. 轮廓颜色属性

1) 轮廓颜色属性名称

outline-color，其作用为设置元素的整个轮廓的颜色。

2) 轮廓颜色属性常用取值

color_name：颜色值为颜色名称(如 red)。

轮廓颜色属性

hex_number：颜色值为十六进制值(如#FF0000)。

rgb_number：颜色值为 rgb 代码(如 rgb(255, 0, 0))。

invert：默认值，执行颜色反转(逆向的颜色)，可使轮廓在不同的背景颜色中都是可见的。

3) 注意事项

(1) 务必将 outline-style 属性声明到 outline-color 属性之前，即元素只有获得轮廓以后才能改变其轮廓的颜色。

(2) 轮廓线不会占据空间。

4) 案例

本案例演示了轮廓颜色属性常用取值效果。案例中设置所有 p 元素边框宽度为 2 px、样式为 solid、颜色为 blue，轮廓样式为 solid，分别设置每个 p 元素轮廓颜色为红色(red)、红色(#FF0000)、红色(rgb(255, 0, 0))、颜色反转(invert)。程序代码如例 6-11 所示，显示效果如图 6-13 所示。

【例 6-11】 轮廓颜色属性的应用实例(其代码见文档 chapter06_11.html)。

本例代码如下：

```html
<!DOCTYPE html>
<html>
    <head>
        <meta charset="utf-8">
        <title>轮廓颜色属性</title>
        <style type="text/css">
            .common {
                border: 2px solid blue;
                outline-style: solid;
            }
            .outlineColor1 { outline-color: red; }
            .outlineColor2 { outline-color: #FF0000; }
            .outlineColor3 { outline-color: rgb(255,0,0); }
            .outlineColor4 { outline-color: invert; }
        </style>
    </head>
    <body>
        <!-- 案例：演示轮廓颜色属性常用取值效果 -->
        <p class="common outlineColor1">轮廓颜色属性</p>
        <p class="common outlineColor2">轮廓颜色属性</p>
        <p class="common outlineColor3">轮廓颜色属性</p>
        <p class="common outlineColor4">轮廓颜色属性</p>
    </body>
</html>
```

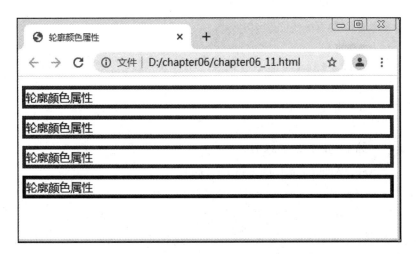

图 6-13　轮廓颜色属性常用取值效果

3. 轮廓宽度属性

1) 轮廓宽度属性名称

轮廓宽度属性名称：outline-width，其作用为设置元素整个轮廓的宽度。

轮廓宽度属性

2) 轮廓宽度属性常用取值

thin：规定细的轮廓。

medium：默认值，规定中等的轮廓。

thick：规定粗的轮廓。

length：自定义轮廓粗细的值。

3) 注意事项

(1) 只有当轮廓样式不是 none 时，轮廓宽度才会起作用。

(2) 如果轮廓样式为 none，宽度实际上会重置为 0。

(3) 不允许设置负长度值。

4) 案例

本案例演示了轮廓宽度属性常用取值效果。案例中设置所有 p 元素边框宽度为 2 px、样式为 solid、颜色为 blue、轮廓样式为 solid、轮廓颜色为红色(red)，分别设置每个 p 元素轮廓宽度为细轮廓(thin)、中等轮廓(medium)、粗轮廓(thick)、10 px。程序代码如例 6-12 所示，显示效果如图 6-14 所示。

【例 6-12】　轮廓宽度属性取值的应用实例(其代码见文档 chapter06_12.html)。

本例代码如下：

```
<!DOCTYPE html>
<html>
    <head>
        <meta charset="utf-8">
        <title>轮廓宽度属性</title>
```

```
            <style type="text/css">
                .common {
                    border: 2px solid blue;
                    outline-style: solid;
                    outline-color: red;
                }
                .outlineWidth1 { outline-width: thin;}
                .outlineWidth2 { outline-width: medium; }
                .outlineWidth3 { outline-width: thick; }
                .outlineWidth4 { outline-width: 10px; }
            </style>
        </head>
        <body>
            <!-- 案例：演示轮廓宽度属性常用取值效果 -->
            <p class="common outlineWidth1">轮廓宽度属性</p>
            <p class="common outlineWidth2">轮廓宽度属性</p>
            <p class="common outlineWidth3">轮廓宽度属性</p>
            <p class="common outlineWidth4">轮廓宽度属性</p>
        </body>
    </html>
```

图 6-14　轮廓宽度属性常用取值效果

4. 轮廓简写属性

1) 轮廓简写属性名称

轮廓简写属性名称：outline，其作用为在一个声明中设置所有的轮廓属性。

2) 轮廓简写属性语法

建议按照如下顺序设置各属性值，各属性值间使用空格进行分隔。

轮廓简写属性

outline-color：轮廓宽度。

outline-style：轮廓样式。

outline-width：轮廓颜色。

3) 注意事项

如果不设置其中的某个值，也是可以的，如 outline:solid #ff0000;。

4) 案例

本案例演示轮廓简写属性 outline 常用取值效果。案例中设置 p 元素上、下、左、右边框具有相同的宽度(2 px)、样式(solid)、颜色(blue)，上、下、左、右轮廓具有相同的宽度(10 px)、样式(dotted)、颜色(red)。程序代码如例 6-13 所示，显示效果如图 6-15 所示。

【例 6-13】 轮廓简写属性的应用实例(其代码见文档 chapter06_13.html)。

本例代码如下：

```html
<!DOCTYPE html>
<html>
    <head>
        <meta charset="utf-8">
        <title>轮廓简写属性</title>
        <style type="text/css">
            .common {
                border: 2px solid blue;
            }

            .outline {
                outline: red dotted 10px;
            }
            /*注释代码部分为轮廓各属性分开设置情况*/
            /* .outline{
                outline-color: red;
                outline-style: dotted;
                outline-width: 10px;
            } */
        </style>
    </head>
    <body>
        <!-- 案例：演示轮廓简写属性取值效果 -->
        <p class="common outline">轮廓简写属性</p>
    </body>
</html>
```

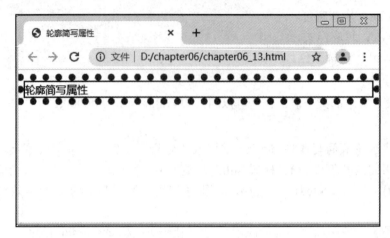

图 6-15　轮廓简写属性常用取值效果

6.4　应用CSS实现浮动属性设置

浮动的初衷是为了实现网页文字环绕图片，后来在前端使用过程中逐渐将浮动列为一种布局方式，并且这种方式替代了原来使用表格进行网页布局的方式。但是浮动在使用过程中也有缺陷，即浮动会引起父级元素(如父级元素没有设置高度)高度塌陷(这时可以使用清除浮动来避免父级元素的高度塌陷)。

6.4.1　设置浮动

1. 普通文档流

普通文档流，即文档中的元素依据其元素特点，按照默认的显示规则排版布局，即从上到下，从左到右；块级元素(如 div、p 等)独占一行；行内元素(如 span 等)则按照顺序被水平渲染，直到在当前行遇到了边界，然后换到下一行的起点继续渲染。元素之间不能重叠显示。

2. 浮动属性

1) 浮动属性名称

浮动属性名称：float，其作用为使元素脱离普通文档流，向左或者向右浮动，直到遇到边框、内边距、外边距或者另一个块级元素位置。

浮动属性

2) 浮动属性常用取值

left：元素向左浮动。

right：元素向右浮动。

none：默认值，元素不浮动。

3) 案例

· 案例 1：本案例演示了浮动属性取值为右的效果。案例中设置 3 个 div 元素宽度、高度均为 100 px，设置第 1 个 div 元素背景色为绿色且右浮动，设置第 2 个 div 元素背景色为黄色，设置第 3 个 div 元素背景色为蓝色。因为第 1 个 div 元素设置右浮动，脱离普通文档流，不占据元素原空间，且向右移动，直到它的右边缘碰到 body 元素的右边缘，所以第 2、3 个 div 元素位置依次提升。程序代码如例 6-14 所示，显示效果如图 6-16 所示。

【例 6-14】　浮动属性取值为右的应用实例(其代码见文档 chapter06_14.html)。

本例代码如下：

```html
<!DOCTYPE html>
<html>
    <head>
        <meta charset="utf-8">
        <title>浮动属性值：右</title>
        <style type="text/css">
            body { margin: 0; padding: 0; }
            .common { width: 100px; height: 100px; }
            .div1 { background-color: green; float: right; }
            .div2 { background-color: yellow; }
            .div3 { background-color: blue; }
        </style>
    </head>
    <body>
        <!-- 案例 1：演示浮动属性取值为右的效果 -->
        <div class="common div1"></div>
        <div class="common div2"></div>
        <div class="common div3"></div>
    </body>
</html>
```

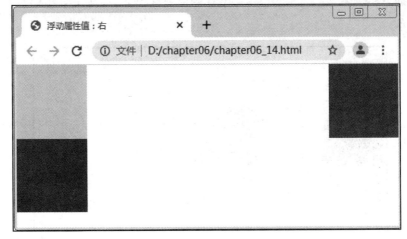

图 6-16　元素右浮动效果

• 案例 2：本案例演示了浮动属性取值为左的效果。案例中设置 3 个 div 元素宽度、高度均为 100 px，且左浮动。设置第 1 个 div 元素背景色为绿色，设置第 2 个 div 元素背景色为黄色，设置第 3 个 div 元素背景色为蓝色。第 1 个 div 元素设置左浮动，脱离普通文档流，不占据元素原空间，且向左移动，直到它的左边缘碰到 body 元素的左边缘，第 2、3 个 div 元素向左浮动直到碰到前一个浮动 div 元素，最终 3 个 div 元素在一行显示。程序代码如例 6-15 所示，显示效果如图 6-17 所示。

【例 6-15】 浮动属性取值为左的应用实例(其代码见文档 chapter06_15.html)。

本例代码如下：

```html
<!DOCTYPE html>
<html>
    <head>
        <meta charset="utf-8">
        <title>浮动属性值：左</title>
        <style type="text/css">
            body { margin: 0; padding: 0; }
            .common { width: 100px; height: 100px; }
            .div1 { background-color: green; float: left; }
            .div2 { background-color: yellow; float: left; }
            .div3 { background-color: blue; float: left; }
        </style>
    </head>
    <body>
        <!-- 案例 2：演示浮动属性取值为左的效果  -->
        <div class="common div1"></div>
        <div class="common div2"></div>
        <div class="common div3"></div>
    </body>
</html>
```

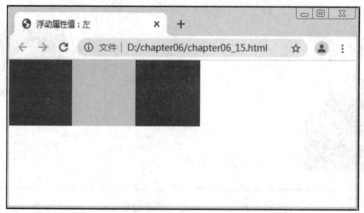

图 6-17　元素左浮动一行的效果

• 案例 3：本案例演示了浮动属性取值为左的效果。案例中设置父 div 元素宽度为 300 px、高度为 350 px，边框样式为 solid，边框颜色为 red，边框宽度为 1 px，设置第 1 个子 div 元素宽度为 150 px、高度为 150 px，设置第 2、3 个子 div 元素宽度、高度均为 100 px，第 1 个 div 元素背景色为绿色且左浮动，第 2 个 div 元素背景色为黄色且左浮动，第 3 个 div 元素背景色为蓝色且左浮动。

第 1、2 个子 div 元素设置左浮动，脱离普通文档流，不占据元素原空间，且向左移动，两个元素在一行显示。第 3 个子 div 元素设置左浮动，因父 div 元素宽度 300 px 小于 3 个子 div 元素宽度之和 350 px，无法容纳水平排列的 3 个子 div 浮动元素，所以第 3 个子 div 元素向下移动；又因为第 1 个子 div 元素高度为 150 px，则第 3 个子 div 元素向下移动时被第 1 个子 div 浮动元素"卡住"。程序代码如例 6-16 所示，显示效果如图 6-18 所示。

【例 6-16】　浮动属性取值为左的应用实例(其代码见文档 chapter06_16.html)。

本例代码如下：

```html
<!DOCTYPE html>
<html>
    <head>
        <meta charset="utf-8">
        <title>浮动属性值：左</title>
        <style type="text/css">
            body { margin: 0; padding: 0; }
            .father { width: 300px; height: 350px; border: 1px solid red;}
            .son1 { width: 150px; height: 150px; }
            .son2 { width: 100px; height: 100px;}
            .div1 { background-color: green; float: left; }
            .div2 { background-color: yellow; float: left; }
            .div3 { background-color: blue; float: left; }
        </style>
    </head>
    <body>
        <!-- 案例 3：演示浮动属性取值为左的效果 -->
        <div class="father">
            <div class="son1 div1"></div>
            <div class="son2 div2"></div>
            <div class="son2 div3"></div>
        </div>
    </body>
</html>
```

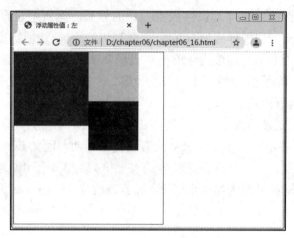

图 6-18　元素左浮动"卡住"的效果

6.4.2　清除浮动

清除浮动可以用来避免因子元素设置浮动后引起的父级元素(如父级元素没有设置高度)的高度塌陷问题。

1. 清除浮动属性名称

清除浮动

清除浮动属性名称：clear，其作用为设置元素的某一侧不允许出现其他浮动元素。

2. 清除浮动属性常用取值

left：在左侧不允许浮动元素。

right：在右侧不允许浮动元素。

both：在左右两侧均不允许浮动元素，最为常用。

none：默认值，允许浮动元素出现在两侧。

3. 案例

• 案例 1：本案例演示了清除浮动属性取值为 both 的效果。

(1) 本案例 HTML 结构及元素样式如图 6-19(a)所示，此时背景色为红色的父 div 元素没有设置高度，背景色分别为黄色、绿色的两个子 div 元素没有设置浮动，且宽、高均为 100 px，网页运行效果如图 6-19(b)所示。从图 6-19(b)中可以看到背景色为红色的父 div 元素的高度是由其两个子 div 元素撑开的，即子 div 元素的高度决定了父 div 元素的高度。

(2) 将两个子div元素设置为左浮动，则此时网页运行效果如图 6-19(c)所示。从图 6-19(c)中可以看到背景色为红色的父 div 元素不见了，背景色为蓝色的 div 元素位置提升了。这是因为背景色分别为黄色、绿色的两个子 div 元素设置左浮动后，由于其父元素没有设置高度，不占元素空间，所以背景色为蓝色的 div 元素位置提升了，即背景色为红色的父 div 元素高度塌陷了。

(3) 要解决父元素高度塌陷问题，就要清除浮动，本案例使用了额外元素(标签)法，即通过增加新的元素(标签)，然后再给新元素(标签)设置清除浮动即可。如在图 6-19(a)所示的红色长方形框内添加 div 元素且设置其样式为"clear: both"，这样就可以清除浮动，解决父元素高度塌陷问题。程序代码如例 6-17 所示，显示效果如图 6-19(d)所示。

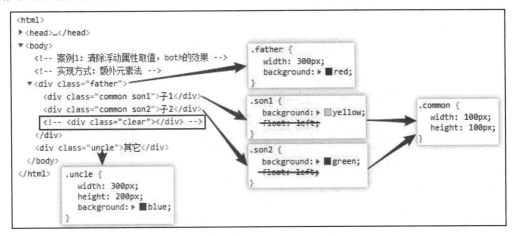

(a) 案例 1 HTML 结构及元素样式

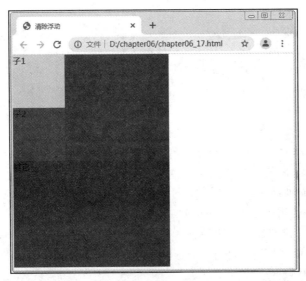

(b) 子 div 元素无浮动效果

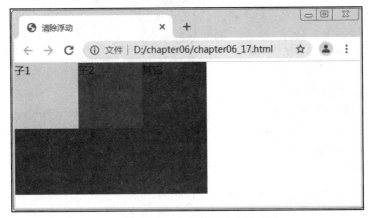

(c) 子 div 元素设置左浮动效果

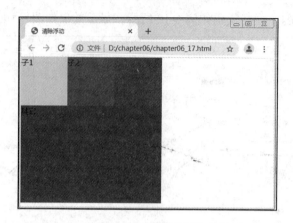

(d) 额外元素(标签)清除浮动效果

图 6-19　案例 1 结构、元素样式及各元素取值效果

【例 6-17】　额外标签法清除浮动的应用实例(其代码见文档 chapter06_17.html)。本例代码如下:

```
<!DOCTYPE html>
<html>
    <head>
        <meta charset="utf-8">
        <title>清除浮动</title>
        <style type="text/css">
            body { margin: 0; padding: 0; }
            .father { width: 300px; background: red; }
            .common { width: 100px; height: 100px; }
            .son1 { background: yellow; float: left; }
            .son2 { background: green;    float: left; }
            .uncle { width: 300px; height: 200px; background: blue; }
            .clear { clear: both;}
        </style>
    </head>
    <body>
        <!-- 案例 1：清除浮动属性取值为 both 的效果 -->
        <!-- 实现方式：额外元素法 -->
        <div class="father">
            <div class="common son1">子 1</div>
            <div class="common son2">子 2</div>
            <div class="clear"></div>
        </div>
        <div class="uncle">其他</div>
    </body>
</html>
```

· 案例 2：通过设置父元素样式"overflow: hidden"清除浮动。程序代码如例 6-18 所示，显示效果如图 6-20 所示。

【例 6-18】　使用 overflow 属性清除浮动的应用实例(其代码见文档 chapter06_18.html)。

本例代码如下：

```html
<!DOCTYPE html>
<html>
    <head>
        <meta charset="utf-8">
        <title>清除浮动</title>
        <style type="text/css">
            body { margin: 0; padding: 0; }
            .father { width: 300px; background: red; overflow: hidden;}
            .common { width: 100px; height: 100px; }
            .son1 { background: yellow; float: left; }
            .son2 { background: green;    float: left; }
            .uncle { width: 300px; height: 200px; background: blue; }
        </style>
    </head>
    <body>
        <!-- 案例 2：overflow: hidden 清除浮动效果  -->
        <!-- 实现方式：父元素应用 overflow: hidden;-->
        <div class="father">
            <div class="common son1">子 1</div>
            <div class="common son2">子 2</div>
        </div>
        <div class="uncle">其他</div>
    </body>
</html>
```

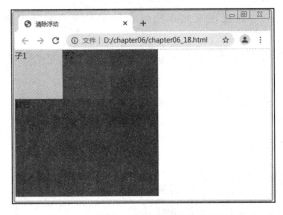

图 6-20　额外元素(标签)清除浮动效果

6.5 应用CSS实现定位属性设置

定位可以表现为漂浮在指定元素上方，可以将元素重叠在一块区域内，按照堆叠级别以覆盖的方式显示。

6.5.1 定位类型属性

1. 定位类型属性名称

定位类型属性名称：position，其作用为规定元素的定位类型。

2. 定位类型属性常用取值

(1) absolute：绝对定位，相对于 static 定位以外的第一个父元素进行定位。它完全脱离文档流，不占有原来位置。元素的位置通过"left""top""right""bottom"属性进行设置。

(2) relative：相对定位，相对于元素原正常位置进行定位。它不脱离文档流，占有原来位置。元素的位置通过"left""top""right""bottom"属性进行设置。

(3) fixed：固定定位，相对于浏览器窗口进行定位。它完全脱离文档流，不占有原来位置。元素的位置通过"left""top""right""bottom"属性进行设置。

(4) static：默认值，没有定位，元素出现在正常的文档流中。

6.5.2 定位位置属性

1. 定位位置属性名称

定位位置属性名称如下：

定位位置属性

(1) top 属性：用于设置定位元素相对的对象的顶边偏移距离，正数向下偏移，负数向上偏移。

(2) bottom 属性：用于设置定位元素相对的对象的底边偏移距离，正数向上偏移，负数向下偏移。

(3) left 属性：用于设置定位元素相对的对象的左边偏移距离，正数向右偏移，负数向左偏移。

(4) right 属性：用于设置定位元素相对的对象的右边偏移距离，正数向左偏移，负数向右偏移。

2. 定位位置属性常用取值

auto：默认值，通过浏览器计算偏移位置。

%：设置以包含元素的百分比计算的偏移位置。

length：使用 px 等单位设置元素的偏移距离。

6.5.3　z-index 属性

z-index 属性

1. 堆叠顺序属性名称

堆叠顺序属性名称：z-index，其作用为设置元素的堆叠顺序，如果为正数，则从视觉效果上离用户更近，为负数则表示离用户更远。

2. 堆叠顺序属性常用取值

auto：默认值，堆叠顺序与父元素相等。

number(数字)：设置元素的堆叠顺序。

3. 注意事项

(1) z-index 仅在定位元素上奏效。

(2) z-index 的默认属性值是 0，取值越大，定位元素在层叠元素中越居上，离用户越近。

(3) 数字后面不能加单位。

6.5.4　定位案例

定位案例

1. 相对定位

案例中设置两个 div 元素宽度、高度均为 100 px。设置第 1 个 div 元素背景色为蓝色且相对定位，向右向下偏移 100 px；设置第 2 个 div 元素背景色为黄色。因为第 1 个 div 元素相对定位，不脱离文档流，占有原来位置，所以仅第 1 个 div 元素相对于自己原来位置向右向下偏移 100 px，第 2 个 div 元素位置不变。程序代码如例 6-19 所示，显示效果如图 6-21 所示。

【例 6-19】相对定位设置的应用实例(其代码见文档 chapter06_19.html)。

本例代码如下：

```
<!DOCTYPE html>
<html>
    <head>
        <meta charset="utf-8">
        <title>相对定位</title>
        <style type="text/css">
            body { margin: 0; padding: 0;}
            .common { width: 100px; height: 100px;}
            .div1 {
                background-color: blue;
                position: relative;
                left: 100px;
                top: 100px;
            }
            .div2 { background-color: yellow; }
```

```
            </style>
        </head>
        <body>
            <!-- 案例 1：演示相对定位实现效果 -->
            <!-- 相对于元素原正常位置进行定位 -->
            <!-- 不脱离文档流，占有原来位置 -->
            <div class="common div1">1</div>
            <div class="common div2">2</div>
        </body>
    </html>
```

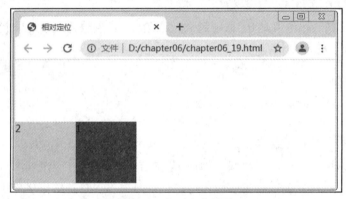

图 6-21　相对定位效果

2. 绝对定位

案例中设置两个 div 元素宽度、高度均为 100 px，设置第 1 个 div 元素背景色为蓝色且绝对定位，向右向下偏移 50 px，设置第 2 个 div 元素背景色为黄色。因为第 1 个 div 元素绝对定位，脱离文档流，不占有原来位置，所以第 1 个 div 元素相对于父元素向右向下偏移 50 px，第 2 个 div 元素位置提升。程序代码如例 6-20 所示，显示效果如图 6-22 所示。

【例 6-20】　绝对定位设置的应用实例(其代码见文档 chapter06_20.html)。

本例代码如下：

```
    <!DOCTYPE html>
    <html>
        <head>
            <meta charset="utf-8">
            <title>绝对定位</title>
            <style type="text/css">
                body { margin: 0; padding: 0; }
                .common { width: 100px; height: 100px; }
                .div1 {
                    background-color: blue;
                    position: absolute;
```

```
            left: 50px;

            top: 50px;

        }

        .div2 { background-color: yellow; }

    </style>

</head>

<body>

    <!-- 案例 2：演示绝对定位实现效果 -->

    <!-- 相对于父元素进行定位 -->

    <!-- 脱离文档流，不占有原来位置 -->

    <div class="common div1">1</div>

    <div class="common div2">2</div>

</body>

</html>
```

图 6-22　绝对定位效果

3. 堆叠顺序属性

案例中设置 3 个 div 元素宽度、高度均为 100 px，均为绝对定位。设置第 1 个 div 元素背景色为蓝色，无偏移，堆叠顺序值为 3；设置第 2 个 div 元素背景色为黄色，向右向下偏移 50 px，堆叠顺序值为 2；设置第 3 个 div 元素背景色为绿色，向右向下偏移 100 px，堆叠顺序值为 1。3 个 div 元素均绝对定位，均脱离文档流，均不占有原来位置，因为第 1 个 div 元素堆叠顺序值为 3，是最大的，显示在最上层，第 2 个 div 元素堆叠顺序值为 2，是第二大的，显示在第 2 层，第 3 个 div 元素堆叠顺序值为 1，是最小的，显示在最下层。程序代码如例 6-21 所示，显示效果如图 6-23 所示。

【例 6-21】　堆叠顺序属性的应用实例(其代码见文档 chapter06_21.html)。

本例代码如下：

```
<!DOCTYPE html>

<html>

    <head>

        <meta charset="utf-8">
```

```
        <title>绝对定位</title>
        <style type="text/css">
            body { margin: 0; padding: 0; }
            .common {
                width: 100px;
                height: 100px;
                position: absolute;
            }
            .div1 { background-color: blue; left: 0; top: 0; z-index: 3; }
            .div2 { background-color: yellow; left: 50px; top: 50px; z-index: 2; }
            .div3 { background-color: green; left: 100px; top: 100px; z-index: 1; }
        </style>
    </head>
    <body>
        <!-- 案例 3：演示堆叠顺序属性实现效果 -->
        <div class="common div1">1</div>
        <div class="common div2">2</div>
        <div class="common div3">3</div>
    </body>
</html>
```

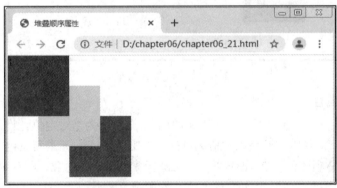

图 6-23　堆叠顺序属性效果

4. 固定定位

案例中设置 body 元素的高度 2000 px，设置两个 div 元素宽度、高度均为 100 px。设置第 1 个 div 元素背景色为蓝色且固定定位，向右向下偏移 100 px；设置第 2 个 div 元素背景色为黄色。因为第 1 个 div 元素固定定位，脱离文档流，不占有原来位置，所以第 1 个 div 元素相对于浏览器向右且向下偏移 100 px，第 2 个 div 元素位置提升。相关代码如例 6-22 所示，显示效果如图 6-24(a)所示。由于第 1 个 div 元素设置相对浏览器固定，所以无论如何向下拖动浏览器滚动条，第 1 个 div 元素始终相对浏览器固定定位，显示效果如图 6-24(b)所示。

【例 6-22】　固定定位的应用实例(其代码见文档 chapter06_22.html)。

本例代码如下：

```html
<!DOCTYPE html>
<html>
    <head>
        <meta charset="utf-8">
        <title>固定定位</title>
        <style type="text/css">
            body { margin: 0; padding: 0; height: 2000px; }
            .common { width: 100px; height: 100px;}
            .div1 {
                background-color: blue;
                position: fixed;
                left: 100px;
                top: 100px;
            }
            .div2 { background-color: yellow; }
        </style>
    </head>
    <body>
        <!-- 案例4：演示固定定位实现效果 -->
        <!-- 相对于浏览器窗口进行定位 -->
        <!-- 脱离文档流，不占有原来位置 -->
        <div class="common div1">1</div>
        <div class="common div2">2</div>
    </body>
</html>
```

(a) 固定定位效果

(b) 向下拖动滚动条效果

图 6-24 固定定位效果

<h1 style="text-align:center">6.6 综 合 案 例</h1>

本案例综合应用本章所学 CSS 属性，重点是浮动、定位属性，实现页面布局。其中导航栏结构通过设置元素浮动实现，左侧侧边栏结构及其内头像图片通过设置元素定位实现，"display: block;"设置元素显示方式为块级元素，代码如例 6-23 所示，显示效果如图 6-25 所示。

【例 6-23】 综合案例(其代码见文档 chapter06_23.html)。

本例代码如下：

```html
<!DOCTYPE html>
<html lang="en">

    <head>
        <meta charset="UTF-8">
        <title>综合案例</title>
        <style>
         body {
             margin: 0;
             padding: 0;
             font-size: 12px;
             font-family: 'Microsoft YaHei';
         }

        /*网页容器 start*/
        .container {
```

```css
        margin: 0 auto;
        width: 80%;
        border: 1px solid #00719B;
}
/*网页容器 end*/

/*网页头部 start*/
.header {
        height: 100px;
        line-height: 100px;
        text-align: center;
        font-size: 32px;
        font-weight: bold;
        color: Yellow;
        background-image: url(images/indexHeader.gif);
}
/*网页头部 end*/

/*网页导航栏 start*/
.nav {
        height: 30px;
        background-color: #2E9CBD;
}

ul {
        margin: 0;
        padding: 0;
        list-style: none;
        overflow: hidden;
}

.nav li {
        float: right;
}

.nav li a {
        padding: 0 10px;
        height: 30px;
```

```
            line-height: 30px;

            display: block;/* 将元素显示方式转换为块级元素 */

            text-decoration: none;

            font-size: 14px;

            color: #FFFFFF;

        }


    .nav li a:hover {

            font-weight: bold;

            background-color: #007BA4;

        }
    /*网页导航栏 end*/


    /*网页主体 start*/
    .main{

            position: relative;

        }
    .asideLeft{

            position: absolute;

            width: 180px;

            height: 420px;

            border-right: 1px solid #00719B;

        }
    .pic{

            position: absolute;

            width: 60px;

            height: 60px;

            top: 80px;

            left: 50%;

            margin-left: -30px;

        }
    .content{

            margin-left: 181px;

            height: 420px;

        }
    /*网页主体 end*/
```

```css
        /*网页尾部 start*/
        .footer {
            height: 50px;
            line-height: 50px;
            text-align: center;
            font-size: 12px;
            color: Yellow;
            background-color: #00719B;
        }
        /*网页尾部 end*/
    </style>
</head>

<body>
    <div class="container">
        <div class="header">XX 系统</div>
        <div class="nav">
            <ul>
                <li><a href="#">退出系统</a></li>
                <li><a href="#">修改密码</a></li>
                <li><a href="#">修改个人资料</a></li>
                <li><a href="#">查看留言</a></li>
                <li><a href="#">发表留言</a></li>
            </ul>
        </div>
        <div class="main">
            <div class="asideLeft">
                <img class="pic" src="images/head.gif" alt="">
            </div>
            <div class="content">内容区</div>
        </div>
        <div class="footer">XX 公司 版权所有</div>
    </div>
</body>

</html>
```

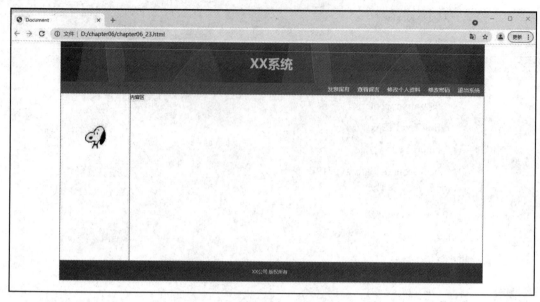

图 6-25　综合案例效果

本 章 小 结

本章介绍了 CSS 盒模型、内边距、外边距、边框、轮廓属性及其简写属性的使用方法。通过案例，重点讲解了元素浮动、清除浮动、定位属性的应用。

习 题 与 实 践

一、选择题

1. 以下哪个选项不属于 float 属性常用取值？（　　）

A. left　　　　　　B. center　　　　　　C. right　　　　　　D. none

2. 以下哪个属性可以用来实现设置元素边框样式？（　　）

A. border-style　　　　　　　　B. border-color

C. border-width　　　　　　　　D. border-type

3. 以下哪个选项不属于定位类型属性 position 的常用取值？（　　）

A. absolute　　　　　B. relative　　　　　C. fixed　　　　　D. none

4. 关于 z-index 属性，以下选项描述不正确的是（　　）。

A. z-index 属性仅能应用在定位元素上

B. z-index 属性值越大，定位元素在层叠元素中越居上

C. z-index 属性值为数字，且数字后面不能加单位

D. 以上内容均不正确

5. 以下哪个属性不是简写属性？(　　)

A. margin　　　　　B. padding　　　　　C. outline-width　　D. border

二、简答题

1. 元素应用浮动，若处理不当，易形成高度塌陷，请阐述高度塌陷的原因，以及如何处理。

2. 请阐述相对定位与绝对定位的区别。

3. 请阐述浮动与绝对定位的区别。

三、实践演练

参考本章综合案例，实现图 6-26 所示的页面效果。

提示：右侧侧边栏结构可参考左侧侧边栏结构定位方式实现。

图 6-26　实践演练页面效果

JavaScript 基础语法

 学习目标

✦ 了解 JavaScript 的基本概念；

✦ 熟悉 JavaScript 的基本使用方法；

✦ 掌握 JavaScript 变量的定义与应用；

✦ 掌握 JavaScript 数据类型与运算符的应用；

✦ 掌握 JavaScript 控制结构的应用；

✦ 掌握 JavaScript 函数的定义与应用。

7.1　初探 JavaScript

JavaScript(JS)是世界上最流行的脚本语言之一，适用于 PC、笔记本电脑、平板电脑和移动电话。JavaScript 可以增加 HTML 页面的交互性。许多 HTML 开发者都不是专业的程序员，但是 JavaScript 非常简单的语法，却使得几乎每个人都有能力将小的 JavaScript 片段添加到网页中。

初探 JavaScript

JavaScript 因为兼容于 ECMA 标准，因此也称为 ECMAScript。作为一种脚本语言，Java Script 已经广泛应用于 Web 页面当中，通过嵌入 HTML 来实现各种炫酷的动态效果，为用户提供赏心悦目的浏览效果。除此之外，也可以用于控制 cookies 以及基于 Node.js 技术进行服务器端编程。

完整的 JavaScript 实现包含三个部分：ECMAScript、文档对象模型和浏览器对象模型。发展初期，JavaScript 的标准并未确定，同期有 Netscape 的 JavaScript、微软的 JScript 和 CEnvi 的 ScriptEase 三足鼎立。1997 年，在 ECMA(欧洲计算机制造商协会)的协调下，由 Netscape、Sun、微软、Borland 组成的工作组确定统一标准：ECMA-262。

7.1.1　JavaScript 概念及特点

JavaScript 是一种基于对象(Object)和事件驱动(Event Driven)并具有安全性能的脚本语言。使用它的目的是与 HTML 超文本标记语言、Java 脚本语言(Java 小程序)一起实现在一个 Web 页面中链接多个对象，与 Web 客户交互作用，从而可以开发各种客户端应用程序等。它是通过嵌入或调入在标准的 HTML 语言中实现的。它的出现弥补了 HTML 语言的缺陷。JavaScript 是 Java 与 HTML 折衷的选择，它具有以下几个基本特点。

1. 脚本编写语言

JavaScript 是一种脚本语言，它采用小程序段的方式实现编程。像其他脚本语言一样，JavaScript 同样也是一种解释性语言，使用其进行开发的过程极为简单。

JavaScript 的基本结构形式与 C、C++、VB、Delphi 十分类似，但它不像这些语言一样需要先编译，而是在程序运行过程中被逐行地解释。JavaScript 与 HTML 标识结合在一起，从而方便用户的使用和操作。

2. 基于对象的语言

JavaScript 是一种基于对象的语言，同时也可以看作是一种面向对象的语言，这意味着它能运用自己已经创建的对象。因此，许多功能可以来自于脚本环境中对象的方法与脚本的相互作用。

3. 简单性

JavaScript 的简单性主要体现在以下两方面：

(1) 它是一种基于 Java 基本语句和控制流之上的简单而紧凑的设计，这对学习 Java 是一种非常好的过渡；

(2) 它的变量类型采用弱类型，并未使用严格的数据类型。

4. 安全性

JavaScript 是一种安全性语言，它不允许访问本地的硬盘，并不能将数据存入到服务器上，不允许对网络文档进行修改和删除，只能通过浏览器实现信息浏览或动态交互，从而有效地防止数据的丢失。

5. 动态性

JavaScript 是动态的，它可以直接对用户或客户输入做出响应，无须经过 Web 服务程序。它对用户的反映、响应，是采用以事件驱动的方式进行的。在主页(Home Page)中执行的某种操作称为"事件"(Event)。比如按下鼠标、移动窗口、选择菜单等都可以视为事件。所谓事件驱动，就是当事件发生后，可能会引起相应的事件响应。

6. 跨平台性

JavaScript 依赖于浏览器本身，与操作环境无关，只要是能运行浏览器的计算机，并且该浏览器支持 JavaScript 就可正确执行，从而实现了"编写一次，走遍天下"的梦想。

实际上，JavaScript 最杰出之处在于可以用很小的程序做大量的事，无须有高性能的电脑，软件仅需一个简单编辑器及浏览器，无须 Web 服务器通道，通过自己的电脑即可完成所有的事情。

总之，JavaScript 是一种新的描述语言，它可以被嵌入到 HTML 的文件之中。JavaScript 语言可以做到回应使用者的需求事件(如 form 的输入)，而不用任何网络来回传输资料，所以当一位使用者输入一项资料时，它不用经过传给服务端(server)处理再传回来的过程，而是直接可以被客户端(client)的应用程序所处理。

7.1.2 JavaScript 开发环境和编写工具

在编写 JavaScript 脚本程序之前，先了解 JavaScript 的开发环境和编写工具。

1. JavaScript 开发环境

使用 JavaScript 脚本语言进行开发时，对于环境的要求有以下两个方面。

1) 对软件环境的要求

(1) 操作系统：Windows 95/98/NT/2000/Me/XP 等。

(2) 浏览器：需要 Netscape 公司 Navigator 2.0 以上版本的浏览器，微软公司 Internet Explorer 3.0 以上版本的浏览器等。

(3) 编辑器：用于编辑 HTML 文档的字符编辑器或者 HTML 文档编辑器。

2) 对硬件配置的要求

(1) 电脑内存：至少为 32 MB。

(2) CRT：至少需要 256 种颜色，分辨率在 640×480 dpi 以上。

(3) CPU：至少为 256 MB。

使用 JavaScript 脚本语言开发动态网页时，如果要开发基于 Web 的应用程序，还需要对 Web 服务器和数据库系统进行一些设置。因此，只要拥有满足以上版本条件的浏览程序，就可以执行本书中的大部分 JavaScript 程序示例。

2. JavaScript 编写工具

JavaScript 语句可以通过<script>…</script>标签来嵌入到 HTML 文档中，当 HTML 文件嵌入 JavaScript 程序代码后，浏览程序在读取 HTML 文件时，在解释 HTML 标签的同时也会解释 JavaScript 程序代码，并且马上执行程序代码或进行事件处理。

由于 HTML 文档属于标准的 ASCII 文本文件，所以可以使用文字编辑器(如 Window 记事本)，也可以使用专业化的脚本编辑器进行程序代码的编辑。下面简单介绍几种 JavaScript 编写工具。

1) 纯文本编辑工具

使用纯文本编辑器来编写脚本，如 Windows 的 Notepad，是脚本编程人员常用的一种方法。用这种方式编写脚本，是一种比较艰苦的方式，但它具有以下一些不可否认的优点。

(1) 用纯文本编辑器编写 JavaScript 脚本，方式简单、价格便宜，而且不需要花费很大的精力去学习如何使用编辑软件，只要拥有 Windows 操作系统软件，就可以使用其自带的 Notepad。

(2) 用纯文本编辑器编写 JavaScript 脚本，可以直接接触那些放置到软件包之中的 JavaScript 技术，并且可以通过亲自编写代码做 JavaScript 能够实现的所有事情。

(3) 用纯文本编辑器编写 JavaScript 脚本的格式是自由的，可以在适当的地方添加注释，因而可使脚本程序具有很好的可读性，也使 JavaScript 代码容易修改。

(4) 用纯文本编辑器编写 JavaScript 脚本，用户可以保留自己编写的所有 JavaScript 小片段，建立自己的 JavaScript 库。

写一个显示"Hello Word!"字样的程序是许多编程语言最初的经典练习，这个程序用来说明如何形成显示输出。图 7-1 显示了在记事本中编写这个小程序的代码，将代码文件的后缀 .txt 改为 .html 后，通过双击该文件，即可直接在浏览器中查看运行结果，如图 7-2 所示。

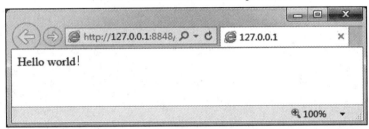

图 7-1　用记事本编写 JavaScript 代码

图 7-2　运行效果

图 7-1 的代码段的主体在<body>和</body>标志之间，包含一个元素 Script，用<script>和</script>标志表示。这个脚本只有一个语句“document.write("Hello word!")”，用于向页面输出内容。对于 JavaScript 语法的使用方法在后面章节将详细介绍。

由上面的实例可以看出，虽然用记事本编写 JavaScript 程序非常简单易学，但其中所有的代码都必须逐一输入，如果不小心输错了，检查起来也不容易。使用专业化的脚本工具就可以解决这个问题。

2) 专业化脚本编辑工具

为了更高效率地编写 JavaScript 程序，就要使用专业化的脚本编辑工具。这里给大家推荐的是 HBuilderX。HBuilder 是 DCloud("数字天堂"网站)推出的一款支持 HTML5 的 Web 开发 IDE。HBuilder 的编写用到了 Java、C、Web 和 Ruby。HBuilder 本身的主体由 Java 编写，它基于 Eclipse，所以顺其自然地兼容了 Eclipse 的插件。"快"是 HBuilder 的最大优势，通过完整的语法提示和代码输入法、代码块等，大幅提升 HTML、JS、CSS 的开发效率。

老版的 HBuilder 是红色 logo，已于 2018 年停止更新。绿色 logo 的 HBuilderX 是新版。相比于其他的 IDE，HBuilder 有如下优势：

(1) 运行速度快(C++内核)。

(2) 对 markdown、vue 的支持更为优秀。

(3) 还能开发 App、小程序，尤其对 DCloud 的 uni-app、5+App 等手机端产品有良好的支持。

(4) HBuilderX 可以开发普通 Web 项目，也可以开发 DCloud 出品的 uni-app 项目、5+App 项目、wap2app 项目。

在 HBuilder 官网可以免费下载最新版的 HBuilder。HBuilder 目前有两个版本，一个是 Windows 版，另一个是 Mac 版。下载时可根据自己的电脑选择适合自己的版本。

文件下载完后得到的是一个压缩包，然后我们进行解压会得到一个文件夹，也就是 HBuilderX 的文件包。HBuilderX 不用安装，解压完成即可使用。

打开解压后的文件夹，找到一个名为"HBuilderX.exe"的可执行文件，这个可执行文件就是 HbuilderX 的启动文件。双击这个文件就可以打开 Hbuilder 开发编辑器了。如果直接解压使用，那么运行程序在以后找起来会很麻烦，所以可以将"HBuilderX.exe"这个执行文件发送为桌面快捷方式，这样每次使用的时候可以直接在桌面打开。

单击"文件—新建—项目"，打开"新建项目"对话框，如图 7-3 所示，设置项目名称、保存路径，单击"创建"即可完成创建项目。

图 7-3　"新建项目"对话框

图 7-4 左侧的"项目管理器"中显示项目列表，选中某个项目，单击鼠标右键，选择"新建"，就可以给该项目添加目录、html 文件、css 文件、js 文件等。

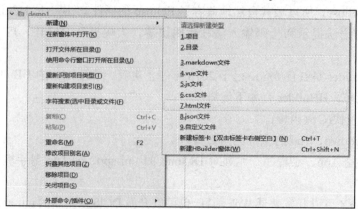

图 7-4　在项目中添加资源

添加一个 html 文件，并编写代码，如图 7-5 所示。

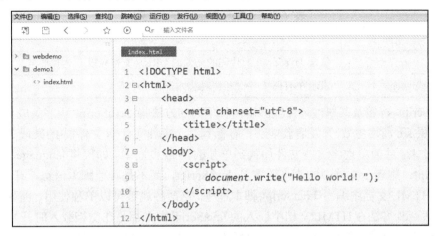

图 7-5 HBuilderX 中的 html 文件编写代码

单击菜单栏中的"运行—运行到浏览器"，选择相应的浏览器即可运行，如图 7-6 所示。

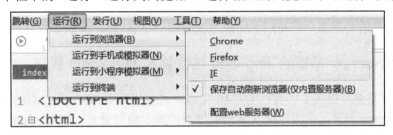

图 7-6 在 HBuilderX 中运行文件

除此之外，还可以使用其他的编辑工具，如 Antechinus JavaScript Editor、NetScape Navigator Gold 等，有兴趣的读者可以在今后的学习中慢慢尝试，这里不再详细介绍。

7.2 编写一个 JavaScript 实例

为了能够让浏览器识别 HTML 文档中的脚本代码行，每个脚本必须包含在 Script 容器标识符(也称为标签)内。换言之，要用开始标签 <script>开始脚本，用结束标签</script>来结束脚本。无论是表单或者段落，在 HTML 中，都要使用首尾标签对标签内容进行封装，使用方法如下所示：

JavaScript 编写实例

```
<script>
    JavaScript 程序
</script>
```

在 HTML 文件中嵌入 JavaScript 的方法，可以通过<script>标签的属性来决定。<script>…</script>标签对的位置并不是固定的，可以出现在 HTML 文档的<head>…</head>或者<body>…</body>标签对之间，也可以出现在文档的多个位置。通过<script>…</script>标签对来嵌入多段 JavaScript 代码，该<script>标签有两个可选属性，这两个属性决定着正在使用的 JavaScript 是以哪种方式并入 HTML 文件的。表 7-1 为这两个属性的具体说明。

表 7-1　<script>标签的属性

属　性	描　述
src	包含 JavaScript 源代码的文件的 URL，文件应以.js 为扩展名
language	表示在 HTML 中使用哪种脚本语言

利用<script>标签及其属性最终能够用两种不同的方法将 JavaScript 程序集成到 HTML 文件中。如果 src 属性生效，开发者就能够把存储到某个单独文件(js 文件)中的某段 JavaScript 代码引用过来，并简单地将这些文件加载到单独的 Web 页面中。如果将 language 属性设置为 JavaScript，则表示文档中的脚本语言是 JavaScript，而不是其他脚本语言，开发者就可以直接在 HTML 文档中编写 JavaScript 脚本程序。这两种属性可以单独使用，也可以并用。

用上述两种方法在 HTML 文档中嵌入的 JavaScript 脚本都是在文档载入时开始运行的。这种在页面载入时就运行的脚本称为实时脚本。如果 JavaScript 脚本是在文档载入后或者响应用户动作时才运行的，那么这种方式称为延时脚本。延时脚本是通过将 JavaScript 代码定义在函数中实现的。

下面用具体的实例来介绍使用不同的方法编写一个 JavaScript 脚本程序的方法。

7.2.1　利用<script>标签的 language 属性放入 JavaScript 代码

<script>标签本身提供了一种在 HTML 文档中直接放入 JavaScript 代码的方法，即通过所表示的 language 属性，来指定包含文档中使用的脚本编写语言。使用 language 属性的方法如下：

```
<script Language="JavaScript" >
    代码…
</script>
```

其中，把<script>标签的 language 属性设置为 JavaScript，则表示所有支持 JavaScript 的浏览器都能够代理 JavaScript 代码。例 7-1 演示了如何在 html 网页中的<script>标签中编写脚本。

【例 7-1】　在 html 的<script>标签中编写脚本的应用实例(其代码见文档 chapter07_01.html)。

本例代码如下：

```
<!DOCTYPE html>
<html>
    <head>
        <meta charset="utf-8">
        <title></title>
    </head>
    <body>
        <script language="JavaScript">
            document.write("这个是我的 HTML 网页内的 JavaScript 实例");
        </script>
```

```
    </body>
  </html>
```

对于较少的脚本和基本 HTML 页面来说，将 JavaScript 程序直接包含进 HTML 文件是很方便的，但当页面需要长而且复杂的脚本时，这样做会有些麻烦。

7.2.2　利用<script>标签的 src 属性引入外部 js 文件

为使 HTML 文件以及 JavaScript 脚本的开发和维护更为容易，JavaScript 规范允许用户将 JavaScript 脚本保存于单独的文件中，并允许用<script>标签的 src 属性把 JavaScript 程序包含到 HTML 文件中。使用 src 属性的方法如下：

```
    <script Language="JavaScript" src="*.js"> </script>
```

其中文件 *.js 是 JavaScript 程序文件。文件名是随意的，但必须用扩展名 .js；src 属性的值也可以是 URL 地址，但提供源文件的 Web 服务器必须要指出来，否则浏览器不会装入源文件。

注意：使用<script>标签引入外部 js 文件时，不能简化<script>标签写法。

例 7-2 演示了如何利用<script>标签的 src 属性引入外部 js 文件。

【例 7-2】　利用<script>标签的 src 属性引入外部 js 文件的应用实例(其代码见文档 chapter07_02.html)。

在项目中添加 chapter07_02.js 和 chapter07_02.html 两个文件，代码如下：

chapter07_02.js 文件：

```
    document.write("这个是我的第一个外部 js 文件中的 JavaScript 实例");
```

index.html 文件：

```
    <!DOCTYPE html>
    <html>
      <head>
        <meta charset="utf-8">
        <script type="text/javascript" src="chapter07_02.js"></script>
        <title></title>
      </head>
      <body>
      </body>
    </html>
```

从上面的两个小程序实例中可以看出，Script 标志可以放在 HTML 文档的头部或者本体中，多数情况下，最好是把 Script 标志放在文档头部，以确保脚本中的所有 JavaScript 定义均显示在文档主体之前。

7.3　明晰 JavaScript 词法结构

所有的编程语言都有自己的一套语法规则，用来详细说明如何用这种语言来编写程序。对不同的编程语言来说，许多规则是类似的，但是这些语言之间也存在着不少差异，也要注意区分它们之间的不同之处。为了确保程序正确运行并减少错误结果的产生，必须遵守这些语言各自的语法规则。在编写 JavaScript 代码时，由于 JavaScript 不是一种独立运行的语言，所以必须既要关注 JavaScript 的语法规则，又要熟悉 HTML 的语法规则。

7.3.1 标识符和命名规则

1. 标识符

标识符是用来识别具体对象的一个名称。最常见的标识符就是变量名，以及后面要提到的函数名。JavaScript 是一门区分字母大小写的语言，且和其他任何编程语言一样，Javascript 保留了一些标识符为自己所用，保留字不能用作普通的标识符。

标识符和命名规则

保留字包括关键字、未来保留字、空字面量和布尔值字面量，见表 7-2。

表 7-2　JavaScript 保留字

abstract	else	instanceof	super
boolean	enum	int	switch
break	export	interface	synchronized
byte	extends	let	this
case	false	long	throw
catch	final	native	throws
char	finally	new	transient
class	float	null	true
const	for	package	try
continue	function	private	typeof
debugger	goto	protected	var
default	if	public	void
delete	implements	return	volatile
do	import	short	while
double	in	static	with

2. 命名规则

JavaScript 标识符必须以字母、下划线(_)或美元符($)开始。后续的字符可以是字母、数字、下划线或美元符(数字是不允许作为首字符出现的，以便 JavaScript 可以轻易区分开标识符和数字)。例如：

(1) 合法标识符举例：

```
helloworld
hello_world
_helloworld
$helloworld
```

(2) 非法标识符举例：

int：int 是 JavaScript 中的保留字。

1.5：1.5 是由数字开头，并且标识符中不能含有点号(.)，而 1.5 中有点号。

hello world：标识符中不能含有空格，但 hello 与 world 之间有空格。

3. JavaScript 程序的注释

为程序添加注释可以用来解释程序的某些部分的作用和功能，提高程序的可读性。此外，还可以使用注释来暂时屏蔽某些程序语句，让浏览器暂时不理会这些语句。等到需要时，只要取消注释标签，这些程序语句就又可以发挥作用了。其实，注释是好脚本的主要组成部分，有利于提高脚本程序的可读性。为自己的程序加入适当的注释，其他人就可以借助它们来理解和维护脚本，从而有利于团队合作开发，提高开发效率。

JavaScript 可以使用单行注释和多行注释两种方式来书写注释。

1) 单行注释

单行注释以两个斜杠开头，然后在该行中书写注释文字，注释内容不超过一行。例如：

```
//JavaScript 注释语句
```

2) 多行注释

多行注释又叫注释块，它表示一段文字都是注释的内容。多行注释以符号"/*"开头，并以"*/"结尾，中间部分为注释的内容。注释内容可以跨越多行，但其中不能有嵌套的注释。示例代码如下：

```
/* 这是一个多行注释，这一行是注释的开始
函数定义的开始 ……
函数定义的结束
*/
```

标识符、命名规则、注释的应用如例 7-3 所示，运行效果如图 7-7 所示。

【例 7-3】 JavaScript 程序的注释的应用实例(其代码见文档 chapter07_03.html)。

本例代码如下：

```html
<!DOCTYPE html>
<html>
    <head>
        <meta charset="utf-8">
        <title></title>
    </head>
    <body>
        <h1 id="ptitle">标题</h1>
        <br/>
        <p id="pid">hello</p>
        <script type="text/javascript">
            //JavaScript 设置标题
                document.getElementById("ptitle").innerHTML = "JavaScript 设置的标题";
```

```
                //JavaScript 设置内容
                document.getElementById("pid").innerHTML = "JavaScript 设置的内容!";
        </script>
    </body>
</html>
```

说明：代码中的"ptitle"和第 10 行的"pid"是元素的标识符名称；"//"后面的是注释部分，不编译，也不执行。

图 7-7　例 7-3 运行效果

7.3.2　变量与常量

1. 变量

1) 变量的概念

变量与常量

在程序运行期间，程序可以向系统申请分配若干内存单元，用来存储各种类型的数据。系统分配的内存单元要使用一个标记符来标识，内存单元中的数据是可以更改的，所以称之为变量。标记内存单元的标记符就是变量名，而内存单元中所装载的数据就是变量值。定义一个变量，系统就会为之分配一块内存，程序可以使用变量名来使用这块内存中的数据。

JavaScript 中的变量命名规则与其他计算机语言非常相似，包含以下几个要点：

(1) 变量名必须以大写字母(A～Z)、小写字母(a～z)或下划线(_)开头，其他的字符可以用字母、下划线或数字(0～9)。变量名中不能有空格、"+""-"号等其他符号。

(2) 不能使用 JavaScript 中的保留字作为变量名。这些保留字是在 JavaScript 内部使用的，不能作为变量的名称。例如 var、int、double、true 等都不能作为变量的名称。

(3) 在对变量命名时，最好把变量名的意义与其代表的内容对应起来，以便能方便地区分变量的含义。例如 name 这样的变量名就很容易让人明白其代表的内容。

(4) JavaScript 变量名是区分大小写的，因此在使用时必须确保大小写相同。不同大小写的变量，例如 name、Name、NAME，将被视为不同的变量。

(5) JavaScript 变量命名约定与 Java 类似。也就是说，对于变量名为一个单词的，则要求其为小写字母，例如 area。对于变量名由两个或两个以上的单词组成的，则要求第二个和第二个以后的单词的首字母为大写，例如 userName。

例如，下面的变量名是合法的：

```
my_age
$user_name
_user_name
my_variable_example
myVariableExample
```

而下面的变量名是不合法的：

```
%user_age
1user_age
~user_age
+user_age
```

2) 变量声明

变量在使用之前必须声明，这不仅是 JavaScript 的要求，也是一个好的编程习惯。由于 JavaScript 是弱类型语言，因此它不像大多数高级语言那样强制限定每种变量的类型，也就是说，在创建一个变量时可以不指定该变量将要存放何种类型的信息。实际上，根据需要，还可以给同一个变量赋予一些不同类型的数据。在 JavaScript 中声明变量的方式有以下两种。

格式 1：var 变量名 1[,变量名 2,变量名 3,…];

例如：

```
var i;
var a, b, c;
var myAge, myName;
```

使用以上语句声明变量后，在给它存入一个值之前，它的初值就是一个特殊的未定义值 undefined。

在声明变量的同时，可以为变量指定一个值，这个过程称为变量的初始化。这个过程不是强制性的，可以声明一个变量，但不初始化这个变量，此时该变量的数据类型为 undefined。建议在声明变量的同时初始化变量。

格式 2：var 变量名 1 = 值 1[, 变量名 2 = 值 2, 变量名 3 = 值 3, …];

例如：

```
var name = '张三';
var i=0, j=1;
var flag=true;
```

在为变量赋初值后，JavaScript 会自动根据所赋的值而确定变量的类型，例如上面的变量 name 会自动定义为字符串型，变量 i 和 j 为数值型，变量 flag 为布尔型。

3) 使用赋值语句隐式声明变量

在 JavaScript 中声明变量时，还可以在使用格式 2 声明变量时省略关键字 var，即直接在赋值语句中隐式地声明变量。使用赋值语句隐式声明变量的格式为：

格式 3：变量名 = 值;

例如，格式 2 的变量声明语句也可以写成如下格式：

```
name='张三';
i=0;j=1;
flag=true;
```

如果在一行中有多个赋值语句时，之间要用分号分隔。为了提高程序的可读性和正确性，建议对所有的变量都使用关键字 var 显式声明，这样既可以区分变量和直接量，也是一个良好的编程习惯。全局变量必须使用 var 关键字声明。

4) 变量赋值

不管声明变量时是否赋值，在程序中任何地方需要改变变量的值时都可以使用赋值语句来给变量赋值。赋值语句由变量名、等号以及确定的值组成。赋值语句的格式与上面的格式 3 相同，即

变量名 = 值;

格式 3 中的变量名一般是在程序中第一次出现时，表示在声明变量的同时给变量赋值；而格式 4 中的变量名可以是在程序中已经出现过的变量，经常是改变变量的值，甚至还能改变变量的类型。

2. 常量

JavaScript 的常量通常又称为字面常量，它是不能改变的数据，与基本的数据类型相对应。一般有以下几种常量。

(1) 整型常量。整型常量可以使用十六进制、八进制和十进制表示。十六进制以 0x 或者 0X 开头，如 0x8a。八进制必须以 0 开头，如 0168。十进制的第一位不能是 0(数字 0 除外)，如 235。

(2) 实型常量。实型常量是由整数部分加小数部分表示，如 11.376 和 689.78，实型常量也可以使用科学记数法来表示，如 8E7、7e6 等。

(3) 布尔值。布尔常量用于区分一个事务的正反两面，不是真就是假。其值只有 true 和 false 两种。

(4) 字符串型常量。JavaScript 中没有单独的字符常量，而只有由若干字符所组成的字符串型常量。字符串型常量使用单引号(' ')或双引号(" ")引起来的若干字符，如 "ab"、"a book"等。一个字符串中不包含任何字符也是可以的，其形式为 " "，表示一个空字符串。

(5) null 常量。JavaScript 中有一个 null 常量，表示一个变量所指向的对象为空值。

(6) undefined 常量。undefined 常量用于表示变量还没有被赋值的状态或对象的某个属性不存在。null 表示赋给变量的值为"空"，"空"是一个有特殊意义的值，而 undefined 则表示还没有对变量赋值，变量的值还处于未知状态。

例 7-4 演示了如何使用变量，其运行效果如图 7-8 所示。

【例 7-4】 变量的使用应用实例(其代码见文档 chapter07_04.html)。

本例代码如下：

```
<!DOCTYPE html>
```

```
<html>
    <head>
        <meta charset="utf-8">
        <title></title>
    </head>
    <body>
        <p>点击按钮，创建变量，并显示结果</p>
        <button onclick="firstFun()">点击这里</button>
        <p id="pdemo">测试</p>
        <script>
            function firstFun(){
                var sname = "太阳";
                document.getElementById("pdemo").innerHTML = sname;
            }
        </script>
    </body>
</html>
```

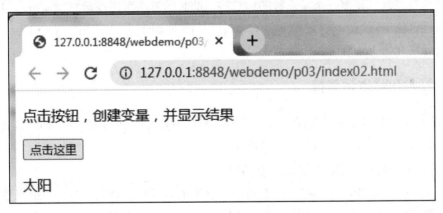

图 7-8　变量的使用

7.4　应用 JavaScript 运算符

在定义完变量之后，就可以对它们进行赋值、改变、计算等一系列操作，这一过程通常通过表达式来完成。表达式是变量、常量、布尔量及运算符的集合。运算符是完成操作的一系列符号。

7.4.1　运算符概念

JavaScript 运算符

表达式是变量、运算符以及其他表达式的集合，所有表达式都计算成一个值。在实际中有仅具有值的表达式以及把值赋给变量的表达式两种类型的表达式。例如：example = "An Example" 是把值赋给变量 example 的表达式。

表达式是利用运算符来连接数据的。运算符是完成操作的一系列符号，用于将一个或几个数据按照某种规则进行运算，并产生一个操作结果。它必须作用在数据上才有效，使用运算符的数据称为操作数。根据运算类别，JavaScript 中的运算符主要有算术运算符、字符串运算符、逻辑运算符、比较运算符、条件运算符等。

根据操作数的个数，可以将 JavaScript 中的运算符分为以下几种。

(1) 单目运算符：只作用于一个数据上的运算符。

(2) 双目运算符：作用于两个数据上的运算符。

(3) 三目运算符：作用于三个数据上的运算符。

除了条件运算符是三目运算符外，JavaScript 中其他的运算符要么是双目运算符，要么是单目运算符。大多数 JavaScript 运算符都是双目运算符，通过以下方式进行操作：

操作数 1　运算符　操作数 2

例如，8+5、"This is" + "a book." 中的运算符为双目运算符。

双目运算符包括加(+)、减(-)、乘(*)、除(/)、取模(%)、按位或(|)、按位与(&)、左移(<<)、右移(>>)、右移，零填充(>>>)等。

单目运算符是只需要一个操作数的运算符，此时运算符可能在运算符前或运算符后。单目运算符包括单目减(-)、逻辑非(!)、取补(~)、递加 1(++)、递减 1(--)等。

下面分别介绍 JavaScript 中的常用运算符。

7.4.2　算术和赋值运算符

JavaScript 中的算术运算符除了有标准的双目运算符加(+)、减(-)、乘(*)、除(/)这些基本运算符外，还包括其他几种，具体如下：

1. 加(+)、减(-)、乘(*)、除(/)运算符

加(+)、减(-)、乘(*)、除(/)运算符符合日常的数学运算规则，两边的运算数的类型要求是数值型的("+" 也可用于字符串连接操作)，如果不是数值型，JavaScript 会将它们转换为数值型。

2. 取模运算符(%)

这个运算符也可以称为取余运算符，其两边的运算数的类型必须是数值型的。A%B 的结果是数 A 除以数 B 后得到的余数。例如：11%2 = 1。

以上的运算符都是双目运算符，使用这些运算符时如果不注意，有可能会出现 NaN 或其他错误的结果。例如如果除数为 0，就会出现错误。

3. 取反运算符(-)

取反运算的作用就是将值的符号变成相反的，即把一个正值转换成相应的负值，反之亦然。例如：x = 5，则-x = -5。该运算符是单目运算符，同样也要求操作数都是数值型的，如果不是数值型的，会被转换成数值型。

4．增量运算符(++)和减量运算符(--)

这两种运算符实际上是代替变量 x 进行 x = x + 1 和 x = x - 1 操作的简单而有效的方法。表示将变量值加 1 或减 1 后再将结果赋给这个变量。有 ++x 和 x++ 两种用法。该运算符置于变量之前和置于变量之后所得到的结果是不同的。

将运算符置于变量之前，表示先对变量进行加 1 或减 1 操作，然后再在表达式中进行计算。例如，如果 x = 5，则 ++x + 4 = 10，这是因为 x 先加 1 得到 6，然后再进行加法运算，所以得到结果 10，这相当于先执行了 x = x + 1，然后执行 x + 4；同理，如果 x = 5，则 --x + 4 = 8，这是因为 x 先减 1 得到 4，然后再进行加法运算，所以得到结果 8，这相当于先执行了 x = x - 1，然后执行 x + 4。

如果将运算符置于变量之后，表示先将变量的值在表达式中参加运算后，再进行加 1 或减 1。例如，如果 x = 5，则 x++ + 4 = 9，这是因为 x 的值先与 4 相加得到 9，然后 x 才加 1 得到 6，这相当于先执行了 x + 4，然后再执行 x = x + 1；同理，如果 x = 5，则 x-- + 4 = 9，这是因为 x 的值也是先与 4 相加得到 9，然后 x 才减 1 得到 4，这相当于先执行了 x + 4，然后再执行 x = x - 1。

这两个运算符都是单目运算符，同样也要求操作数都是数值型的，如果不是数值型的，会被转换成数值型。

7.4.3　赋值运算符

在前面创建变量时，实际上已经使用赋值运算符(=)给变量赋初值了。赋值运算符(=)的作用是将它右边的表达式计算出来的值赋值给左边的变量。例如：a = 5 + 1 就表示把赋值号右边的表达式 5 + 1 计算出来的结果值 6 赋值给左边的变量 a，这样变量 a 的值就是 6。

赋值运算符(=)还可以用来给多个变量指定同一个值。例如，a = b = c = 1，执行该语句后，变量 a、b、c 的值都为 1。还可以在赋值运算符(=)之前加上其他的运算符构成复合赋值运算符。产生的新的赋值运算符主要有以下几种。

(1) =：将一个值或者表达式的结果赋给变量，例如：x = 3。

(2) +=：将变量与所赋的值相加后的结果再赋给该变量，例如：x += 3 等价于 x = x + 3。

(3) -=：将变量与所赋的值相减后的结果再赋给该变量，例如：x -= 3 等价于 x = x - 3。

(4) *=：将变量与所赋的值相乘后的结果再赋给该变量，例如：x *= 3 等价于 x = x*3。

(5) /=：将变量与所赋的值相除后的结果再赋给该变量，例如：x /= 3 等价于 x = x/3。

(6) %=：将变量与所赋的值求模后的结果再赋给该变量，例如：x %= 3 等价于 x = x%3。

7.4.4　字符串运算符

字符串运算符只有一个字符串连接运算符(+)，它是一个双目运算符。在 JavaScript 中，可以使用字符串连接运算符将两个字符串连接起来形成一个新的字符串。例如："This"

+"is"的运算结果为"This is","中国"+"青岛"运算结果为"中国青岛"。

当操作数中至少有一个操作数是字符串时,JavaScript 解释器将另一操作数转换为字符串,其中数据转换为相应的字符串,而布尔型数据则相应地转换为 true 或 false。例如:"36"+2 的运算结果为"362","It is"+true 的运算结果为"It is true"。

另外,字符串连接运算符还可以和前面的赋值运算符联合使用,形成"+="运算符,它的作用是,将运算符右侧的字符串拼接到该运算符左侧字符串的后面,并将结果赋值给运算符左侧的操作数。

7.4.5 比较运算符

比较运算符又称作关系运算符,是一个双目运算符,用于比较操作数之间的大小、是否相等等,比较运算的结果是布尔型的值 true 或 false。比较运算符的操作数可以是数值、字符串,也可以是布尔值。以下是 JavaScript 支持的关系运算符及其解释。

(1) <:小于。

(2) <=:小于等于。

(3) >:大于。

(4) >=:大于等于。

(5) ==:等于。

(6) ===:严格等于。

(7) !=:不等于。

(8) !==:严格不等于。

JavaScript 提供的运算符"=="和"!="用于判断两个操作数是否相等。其中操作数可以是各种类型,包括数值型、字符串型、布尔型、对象型等。当运算符"=="和"!="在进行比较前先进行类型转换再测试是否相等,判断两个操作数是否相等的规则如下:

(1) 在比较两个字符串时,只有它们长度相等,对应位置的字符也一样时,这两个字符串才相等,否则不等。

(2) 当字符串与一个数值相比较时,如果数值的字符与字符串的字符完全一样,那么它们两个相等(因为比较前先会进行类型转换),例如:100 等于"100"。

(3) 正零和负零相等。

(4) 当两个对象引用同一个对象时,这两个对象相等。

(5) 当两个布尔值都是 true 或都是 false 时,这两个布尔值相等。

(6) null 和 undefined 数据类型相等。

除了相等比较运算符之外,JavaScript 还提供了严格等于(===)和严格不等于(!==)比较运算符。用于测试两个操作数是否完全一样,包括值是否相等以及类型是否相同。因而,这两个运算符在比较之前不进行类型转换直接测试是否相等。只有两个操作数的值相等并且类型也相同时,一致性测试运算符"==="的计算结果才为 true,否则其值为 false。例如,表达式"58"==58 的结果为 true,而表达式"58"===58 的结果为 false,原因在于它们的数据类型不一致(一个操作数为字符串型,另一个为数值类型)。

7.4.6　逻辑运算符

逻辑运算符通常在条件语句中使用，它们与关系运算符一起构成复杂的判断条件。JavaScript 提供了三种逻辑运算符：逻辑与(&&)、逻辑或(‖)、逻辑非(！)，具体解释如下。

(1) 逻辑与(&&)：当两个操作数的值都为 true 时，运算结果为 true，否则为 false。因此如果逻辑与运算符左边的表达式的计算结果为零、null 或空字符串，那么整个表达式的结果就是 false。如果逻辑与运算符左边的表达式的计算结果为 true，此时计算逻辑与运算符右侧的表达式，如果这个表达式的值也是 true，那么整个表达式的结果为 true；如果左边值为 true，右边值为 false，那么整个表达式的值为 false。

(2) 逻辑或(‖)：只要两个操作数中有一个值为 true 时，运算结果就为 true。如果两个操作数的值都为假，则运算结果为假。如果逻辑或运算符左边的表达式计算结果为 true，那么就不再计算或运算符右边的表达式的值，并且整个表达式的值为 true；如果逻辑或运算符左边的表达式计算结果为 false，那么计算或运算符右侧的表达式的值，如果这个值为 true，那么整个表达式的值为 true；如果右侧表达式计算的结果也为 false，那么整个表达式的值为 false。

(3) 逻辑非(！)：对操作数取反，即 true 值非运算的结果为 false，false 值非运算的结果为 true。它用于否定一个运算的结果。"真"的逻辑非值为"假"，"假"的逻辑非值为"真"。逻辑非是一个单目运算符，它只有一个操作数，例如：!true 或！(5 > 8)。

在上述三种逻辑运算符中，逻辑与和逻辑或运算符是双目运算符，而逻辑非运算符是单目运算符。它们所连接的操作数都是逻辑型变量或逻辑型的表达式。对于连接的非逻辑型变量或表达式，在 JavaScript 中将非 0 的数值看作是 true，而将 0 看作是 false。

7.4.7　运算符优先级

运算符优先级是指在一个表达式中运算符的优先顺序。程序的执行顺序将依据运算符的优先级顺序。例如，在进行四则运算时，规则是先乘除，后加减。这就是说，乘法和除法的运算优先级高于加法和减法的优先级。同一优先级的运算符按从左到右方式进行计算，这就是运算符的结合方式。所有的算术运算符都是从左向右执行，所以如果有两个或者更多的算术运算符有相同的优先级，那么左边的将先执行，然后再依次执行右边的。

如果想改变运算的执行顺序，就需要使用成对的括号，括号内的运算将比括号外的运算先执行。

如果两个或者两个以上的运算符有相同的优先级，JavaScript 根据运算符的执行顺序进行排序。一般的都是从左向右，但也有一些是从右向左。在表 7-3 中列出了 JavaScript 中的运算符优先级顺序以及运算符的结合方式，同一优先级的运算符放在同一行上，表格自上向下运算符的优先级逐渐降低，在结合性一列中列出的运算符的结合性是从右向左的，其余运算符的结合性均为从左向右。

表 7-3 运算符优先级和结合性

优先级	运算符	结合性(从右向左)
1	括号运算、函数调用、数组游标	
2	!、~、+、-、++、--、typeof、new、void、delete	+(一元加)、-(一元减)、++、--、!、~
3	*、/、%	
4	+、-	
5	<<、>>、>>>	
6	<、<=、>、>=	
7	==、!=、===、!==	
8	&	
9	^	
10	|	
11	&&	
12	||	
13	?:	?:
14	=、+=、-=、*=、/=、%=、<<=、>>=、>>>=、&=、^=、!=	=、*=、/=、+=、-=、%=、<<=、>>=、&=、^=、!=
15	逗号(,)操作符	

例 7-5 演示了 JavaScript 运算符的应用。

【例 7-5】 JavaScript 运算符的应用实例(其代码见文档 chapter07_05.html)。

本例代码如下:

```
<!DOCTYPE html>
<html>
    <head>
        <meta charset="UTF-8">
        <title>算术运算符应用</title>
    </head>
    <body>
        <script type="text/javascript">
            //定义两个变量
            var m=120,n=25;
            //输出要进行运算的两个值
            document.write("m=120, n=25");
            document.write("<br />");
            //输出加法算式
            document.write("m+n=");
            //输出两个数的和
```

```
        document.write(m+n);
        //输出换行标签
        document.write("<br />");
        //输出减法算式
        document.write("m-n=");
        //输出两个数的差
        document.write(m-n);
        //输出换行标签
        document.write("<br />");
        //输出乘法算式
        document.write("m*n=");
        //输出两个数的积
        document.write(m*n);
        //输出换行标签
        document.write("<br />");
        //输出除法算式
        document.write("m/n=");
        //输出两个数的商
        document.write(m/n);
        //输出换行标签
        document.write("<br />");
        //输出求模算式
        document.write("m%n=");
        //输出两个数的余数
        document.write(m%n);
        //输出换行标签
        document.write("<br />");
        //输出自增算式
        document.write("(m++)=");
        //输出自增运算
        document.write(m++);
        //输出换行标签
        document.write("<br />");
        //输出自增算式
        document.write("(++n)=");
        //输出自增运算
        document.write(n++);
        //输出换行标签
        document.write("<br />");
    </script>
```

```
<script type="text/javascript">
    document.write("=================================");
    document.write("<br />")
</script>
<script type="text/javascript">
    //字符串运算符
    //+ 号连接字符串
document.write("只有学习"+"让我快乐");
document.write("<br />")
    //+=  连接两个字符串，并将结果赋给第一个字符串
    var name="李红";
    name+="学习 JavaScript";
    document.write(name);
    document.write("<br />")
    document.write("=================================");
    document.write("<br />")
</script>
<script type="text/javascript">
    //比较运算符
    var age=25;
    document.write("age 的变量的值为： "+age);
    document.write("<br />")
    document.write(age>20);
    document.write("<br />");
    document.write(age<20);
    document.write("<br />");
    document.write(age==20);
document.write("<br />")
document.write("=================================");
    document.write("<br />")
</script>
<script type="text/javascript">
    //赋值运算符
    var a=3;
    var b=4;
    document.write("a=3,b=4");
    document.write("<br />");
    document.write("a+=b 结果为： ");
    a+=b
    document.write("a="+a);
```

```
        document.write("b="+b);
        document.write("<br />");
        document.write("a-=b 结果为：");
        a-=b
        document.write("a="+a);
        document.write("b="+b);
        document.write("<br />")
        document.write("a*=b 结果为：");
        a*=b
        document.write("a="+a);
        document.write("b="+b);
        document.write("<br />");
        document.write("<br />");
        document.write("num!=10 结果为：")
        document.write(num!=10);
        document.write("<br />");
        document.write("==============================");
        document.write("<br />")
    </script>
    <script type="text/javascript">
        //三目运算符
        //prompt() 方法用于显示可提示用户进行输入的对话框。
        var age=14;
        var status=age>=18?"成年":"未成年";
        document.write(status)
    </script>
</body>
</html>
```

上面案例读者可以运行演示结果，对照分析 JavaScript 运算符的运算规则。

7.5 应用 JavaScript 数据类型

　　程序设计语言所支持的数据类型是这种语言最为基本的部分。JavaScript 能够处理多种类型的数据，这些数据类型可以分为基本数据类型和引用数据类型两类。JavaScript 的基本数据类型包括常用的数值型、字符串型和布尔型，以及两个特殊的数据类型：空值和未定义。另外，它还支持复合数据类型数组、函数、对象等。由于 JavaScript 采用弱类型的形式，因而数据在使用前不必先声明，而是在使用或赋值时才确定其数据类型。

JavaScript 数据类型

7.5.1　数值型

数值型(number)是最基本的数据类型，可以用于完成数学运算。JavaScript 和其他程序设计语言的不同之处在于它并不区别整型数值和浮点型数值。在 JavaScript 中，所有数字都是由浮点型表示的。目前，JavaScript 采用 IEEE 754 标准定义的 64 位浮点数值格式来表示数据。

如果一个数值直接出现在 JavaScript 程序中，称为数值直接量(numberic literal)。JavaScript 支持的数值直接量的形式有以下几种。

1. 整型

一个整型量可以是十进制、十六进制和八进制数。一个十进制数值是由一串数字序列组成的，它的第一个数字不能为 0；一个八进制数值是以数字 0 开头的，其后是一个数字序列，这个序列中的每个数字都在 0～7 之间(包括 0 和 7)；一个十六进制数值是以 0x 开头的，其后跟随的是十六进制的数字串，即每个数字可以用数字 0～9，或字母 a(A)～e(E)来表示 0～15 之间的数字。例如下面列出了几个整型直接量：

(1) 476 //整数 476 的十进制表示。

(2) 037 //整数 31 的八进制表示。

(3) 0x1A //整数 26 的十六进制表示。

2. 浮点型

浮点型量也就是带小数点的数。它既可以使用常规表示法，也可以使用科学记数法来表示。使用科学记数法表示时，指数部分是在一个整数后跟一个"e"或"E"，它可以是一个有符号的数。下面是一些浮点型直接量的例子：

(1) 3.5659：常规表示法。

(2) −8.1E12：常规表示法。

(3) .1e12：科学记数法，该数等于 0.1×10^{12}。

(4) 32E − 12：科学记数法，该数等于 32×10^{-12}。

从上面可以看出，一个浮点数组必须包含一个数字、一个小数点或"e"(或"E")。

7.5.2　字符串类型

字符串(string)是由 Unicode 字符(JavaScript 1.3 之前的版本只支持 ASCII 码字符)、数字、标点符号等组成的序列，是 JavaScript 中用来表示文本的数据类型。JavaScript 和 C、Java 不同，它没有 char 这样的字符数据类型。要表示单个字符，必须使用长度为 1 的字符串。

1. 字符串量

字符串直接量是由单引号或双引号括起来的一串字符，其中可以包含 0 个或多个 Unicode 字符。如下所示为字符串直接量的例子：

```
"apple"
'白居易'
"5467"
' "How are you. "."Fine think you,and you?f" '
```

字符串直接量在使用时应注意以下几点：

(1) 字符串两边的引号必须相同，即对一个字符串来说，要么两边都是双引号，要么两边都是单引号，否则会产生错误。

(2) 由单引号定界的字符串中可以含有双引号，由双引号定界的字符串中也可以含有单引号。如上面的最后一个例子即是单引号中包含了双引号来定界字符串。

(3) 两个引号之间没有任何字符的字符串称作空串(" "就是一个空串)。

(4) 放在引号中的数字也是字符串。例如"25"代表由 2 和 5 组成的字符串，同数值 25 不同。不能对字符串"25"进行加、减、乘、除算术运算，但可以进行字符串运算。

(5) 字符串直接量必须写在一行中，如果将它们放在两行中，可能会将它们截断。如果必须在字符串直接量中添加一个换行符，可以使用转义字符"\n"。

另外，HTML 中使用双引号来定界字符串。要在 HTML 文档中使用 JavaScript，最好养成在 JavaScript 语句内使用单引号的习惯，可以避免与 HTML 代码产生冲突。

2. 转义字符

有些字符需要包含在字符串中，但由于这些字符在屏幕上不能显示，或者 JavaScript 语法上已经有了特殊用途，所以不能以常规的形式直接写进去。例如上面的换行符，以及要在单引号定界的字符串中使用撇号时都不能直接加入这些符号，否则会引起歧义。为了解决这个问题，JavaScript 专门为这类字符提供了一种特殊的表达方式，称作转义字符，它以反斜杠(\)开始，后面跟一些符号。这些由反斜杠开头的字符表示的是控制字符而不是原来的值。表 7-4 列出了 JavaScript 支持的转义字符及其代表的实际字符。

表 7-4　JavaScript 转义字符

字　　符	含　　义
\0	NUL 字符(\u0000)
\b	退格符(\u0008)
\t	水平制表符(\u0009)
\n	换行符(\u000A)
\v	垂直制表符(\u000B)
\f	换页符(\uDDCC)
\r	回车符(\uDDCD)
\"	双引号(\u0022)
\'	撇号或单引号(\u0027)
\\	反斜杠符(\u005C)
\xXX	由两个十六进制数值 XX 指定的 Latin-1 编码字符，如\xA9 即是版权符号的十六进制码
\uXXXX	由 4 位十六进制数 XXXX 指定的 Unicode 字符，如\u00A9 即是版权符号的 Unicode 编码
\XXX	由 1 位～3 位八进制数(从 1～377)指定的 Latin-1 编码字符，如\251 即是版权符号的八进制码(ECMAScriptv3 不支持，不要使用这种转义序列。)

7.5.3　布尔型

数值型数据和字符串类型的数据的值都有无穷多，但是布尔型数据的值只有两个，由布尔型直接量 true 和 false 来表示，分别代表真和假。它主要用来说明或代表一种状态或标志，通常是在程序中比较所得的结果。例如：

```
x==10
```

这行代码测试了变量 x 的值是否和数值 10 相等。如果相等，比较的结果就是布尔值 true，否则结果就是 false。也可以用于在条件语句中测试条件是否成立。例如：

```
if (finished==false)
    { document.write("请继续运行程序！");}
```

其中：finished 用来代表填写是否完成的布尔型变量。如果 completion 的值为假表示还没有完成，因而输出"请继续运行程序！"。

7.5.4　空值型

JavaScript 中还有一个特殊的空值型数据，用关键字 null 来表示，它表示"无值"，并不表示"null"这 4 个字母，也不是 0 和空字符串，而是 JavaScript 的一种对象类型。null 常被看作对象类型的一个特殊值，即代表"无对象"的值。null 是个独一无二的值，有别于其他所有的值。如果一个变量的值为 null，那么就表示它的值不是有效的对象、数字、字符串和布尔值。

null 可用于初始化变量，以避免产生错误，也可用于清除变量的内容，从而释放与变量相关联的内存空间。当把 null 赋值给某个变量后，这个变量中就不再保存任何有效的数据了。

7.5.5　未定义值

在 JavaScript 中还有一个特殊的未定义值，用 undefined 来表示。如下情况时返回 undefined 值：

(1) 使用了一个并未声明的变量时；

(2) 使用了已经声明但还没有赋值的变量时；

(3) 使用了一个并不存在的对象属性时。

可以检查一个变量的类型是否为 undefined，但是不能通过与 undefined 作比较来测试变量是否存在。null 和 undefined 既有区别又有联系。null 是 JavaScript 的保留字，而 undefined 却不是 JavaScript 中的保留字，它是在 ECMAScript v3 标准中系统预定义的一个全局变量。

虽然 undefined 和 null 值不同，但是"=="运算符却将二者看作是相等的。如果想区分 null 和 undefined，应该使用测试一致性的运算符"==="或 typeof。

例 7-6 演示了 JavaScript 数据类型的应用。

【例 7-6】　JavaScript 数据类型的应用实例(其代码见文档 chapter07_06.html)。

在项目中添加 html 文件，代码如下：

```html
<!DOCTYPE html>
    <html>
        <head>
        <meta charset="utf-8" />
        <title>Java Script 基本语法</title>
        </head>
        <body>
        <!--变量||常量  -->
        <script type="text/javascript">
        var username="张三";
        var userpassword;
        userpassword="123456";
        document.write(username);
        document.write("<br />");
        document.write(userpassword);
        document.write("<br />");
        </script>


        <!--数据类型-->
        <script type="text/javascript">
        //十进制 ：244, 15, 524, 5, 21, 10
        //十六进制：Oxff, OX123
        //八进制：  0336
        document.write("数字 123 不同进制的输出结果");
        //输出十进制的数字
        document.write("<br />十进制:");
        document.write(123);
        document.write("<br />");
        document.write(12.3);
        //换行标签
        document.write("<br />  八进制：");
        document.write(0123);
        document.write("<br />十六进制：");
        document.write(0x123);
        document.write("</p>");
        //字符串类型：
        //双引号，存放一个句子
        document.write("你好");
        document.write("<br />");
```

```
//单引号，存放单词
document.write('this key');
document.write("<br />");
//单引号中包含双引号
document.write('"red"blue');
document.write("<br />");
//双引号中包含单引号
document.write("pizza'bread'");
document.write("<br />");
document.write("===============================");
document.write("<br />");
</script>
<!-- 布尔类型  -->
<script type="text/javascript">
    //本段代码检测 n 是否等于 1
    var n=1;
    if(n==2){
        m=n+1;
        document.write("<br />if 语句块：" + m);
    }else{
        n=n+1;
        document.write("else 语句块：" + n);
    }
    document.write("<br />");
    document.write("===============================");
    document.write("<br />");
</script>

<script type="text/javascript">
    //转义字符
    //输出""
    document.write("\"你好世界\"");
    document.write("<br />")
    //输出\
    document.write("\\你好世界\\");
    document.write("<br />")
    //控制台验证换行符
    console.log("你好\n 世界\r");
    //页面输出不换行
```

```
        document.write("你好世界\n");
        document.write("<br />")
        document.write("============================");
        document.write("<br />")
    </script>
    <!--特殊数据类型-->
    <script type="text/javascript">
        var a;
        document.write("<br />"+a);
        //空值
        var b=null;
        document.write("<br />"+b);
        document.write("<br />") ;
        document.write("============================");
        document.write("<br />");
    </script>
  </body>
</html>
```

上面案例读者可以运行演示结果，对照分析 JavaScript 数据类型的特点。

7.6 使用 JavaScript 选择结构

　　在任何一种语言中，程序控制是必须的，它能使得整个程序不会发生混乱，使程序顺利按其一定的方式执行。控制结构主要包括顺序结构、选择结构、循环结构。

　　顺序结构是指程序默认的执行顺序，从上而下，依次执行，如图 7-9 所示的是程序代码及执行效果。

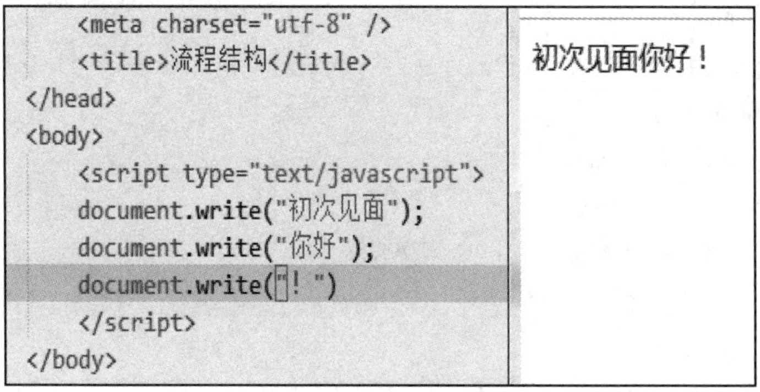

JavaScript 选择结构

```
    <meta charset="utf-8" />
    <title>流程结构</title>
</head>
<body>
    <script type="text/javascript">
    document.write("初次见面");
    document.write("你好");
    document.write("！ ")
    </script>
</body>
```

初次见面你好！

图 7-9　顺序结构

下面章节重点介绍选择结构和循环结构。

7.6.1　选择结构

选择结构语句需要根据给出的条件进行判断来决定执行对应的代码。通常选择结构为 if 和 switch 两种。

在 JavaScript 中，我们可使用以下条件语句：

(1) if 语句：只有当指定条件为 true 时，使用该语句来执行代码。

(2) if…else 语句：当条件为 true 时执行代码，当条件为 false 时执行其他代码。

(3) if…else if…else 语句：使用该语句来选择多个代码块之一来执行。

(4) switch 语句：使用该语句来选择多个代码块之一来执行。

1. if 结构

语法：

```
if (condition){
    当条件为 true 时执行的代码
}
```

请使用小写的 if。使用大写字母(IF)会生成 JavaScript 错误！

2. if…else 语句

if…else 语句在条件为 true 时执行代码，在条件为 false 时执行其他代码。

语法：

```
if (condition){
    当条件为 true 时执行的代码
} else{
    当条件不为 true 时执行的代码
}
```

3. if…else if…else 语句

使用 if…else if…else 语句来选择多个代码块之一来执行。

语法：

```
if (condition1){
    当条件 1 为 true 时执行的代码
} else if (condition2){
    当条件 2 为 true 时执行的代码
} else{
    当条件 1 和 条件 2 都不为 true 时执行的代码
}
```

4. switch 语句

switch 语句用于基于不同的条件来执行不同的动作。

语法：

```
switch(表达式)
{
    case 1:
        执行代码块  1
        break;
    case 2:
        执行代码块  2
        break;
    default:
        与  case 1  和  case 2  不同时执行的代码
}
```

首先设置表达式(通常是一个变量)，随后表达式的值会与结构中的每个 case 的值作比较。如果存在匹配，则与该 case 关联的代码块会被执行。可以用 break 来阻止代码自动地向下一个 case 运行。

例 7-7 演示了 JavaScript 选择结构的应用。

【例 7-7】　JavaScript 选择结构的应用实例(其代码见文档 chapter07_07.html)。

本例代码如下：

```html
<!DOCTYPE html>
<html>
  <head>
    <meta charset="utf-8" />
    <title>流程结构</title>
  </head>
  <body>
  <script type="text/javascript">
    //顺序结构
    document.write("初次见面");
    document.write("<br/>");
    document.write("你好");
    document.write("！ ");
    document.write("<br/><br/>");
  </script>

  <script type="text/javascript">
    var age=12;
    if (age>=18) {
        document.write("已成年");
        console.log("已成年");
    }
```

```
        document.write("<br/><br/>");
    var a = 21;
    var b = 12;
    if(a<b){
        document.write("a 小于 b")
    }else{
        document.write("a 不小于 b")
    }

    document.write("<br/><br/>");

    if(a<b){
        document.write("a 小于 b")
    }else if(a>b){
        document.write("a 大于 b")
    }else{
        document.write("a 等于 b")
    }

    document.write("<br/><br/>");
</script>

<script type="text/javascript">
    //1. 评价用户等级，
    //等级 1 ☆；等级 2 ☆☆；
    //等级三；☆☆☆；等级四☆☆☆☆；
    //等级五☆☆☆☆☆
    var level=3
    switch(level){
        case 1: document.write("☆");
        break;
        case 2: document.write("☆☆");
        break;
        case 3: document.write("☆☆☆");
        break;
        case 4: document.write("☆☆☆☆");
        break;
        case 5: document.write("☆☆☆☆☆");
        break;
    }
```

```
        document.write("<br/><br/>");
</script>

<script type="text/javascript">
    //实例练习
    //题目：对一个学生的考试成绩进行等级划分，
    //分数在 90~100 分为优秀，
    //分数在 80~90 分为良好，
    //分数在 70~80 分为中等，
    //分数在 60~70 分及格，
    //分数小于 60 分的为不及格。
    //分析：
    var score =50;
    if (score>=90) {
        document.write("优秀");
    } else if(score>=80){
        document.write("良好")
    }else if(score>=70){
        document.write("中等")
    }else if(score>=60){
        document.write("及格")
    }else{
        document.write("不及格")
    }

    document.write("<br/><br/>");

    //题目：如果工资大于 3000 D 级　大于 5000 C 级，
    //大于 7000 B 级　大于 10000A 级
    var money =8500;
    if (money>=10000) {
        document.write("A 级　");
    } else if(money>=7000){
        document.write("B 级")
    }else if(money>=5000){
        document.write("C 级")
    }else if(money>=3000){
        document.write("D 级")
    }else{
        document.write("工资等级太低")
```

```
            }
        </script>
    </body>
    </html>
```

上面案例读者可以运行演示结果，对照分析 JavaScript 选择结构的特点。

7.6.2 循环结构

JavaScript 循环结构

循环结构是程序中一个重要的结构。循环结构的特点就是在给定的条件成立时，反复执行某个程序段。通常称给定条件就是循环条件；反复执行的程序段称为循环体，循环体可以是复合语句，也可以是单个语句。在循环体中也可以包含循环语句，从而实现循环的嵌套。

循环结构主要包括 for 结构、while 结构，do…while 结构，还可以使用嵌套循环完成复杂的程序控制的操作。

1. for 结构

for 结构语句是最常用的循环语句，它比较适合循环次数已知的情况。

语法：

```
for (初始化表达式; 条件; 递增表达式) {
    语句块
}
```

其中：

(1) 初始化表达式：循环开始的初始值。

(2) 条件：每次循环都执行条件表达式，结果为 true 时才能继续循环。

(3) 递增表达式：使其能够跳出循环。

2. while 结构

while 结构语句比较适合循环次数不确定，但是已知循环控制条件的情况。

语法：

```
while (表达式){
    语句 1;
    语句 2;
    ……
    语句 n;
}
```

while 循环语句的执行过程是先计算表达式的值，若表达式的值为真(非零)，则执行循环体中的语句，继续循环；否则退出该循环，执行 while 语句后面的语句。循环体可以是一条语句或空语句，也可以是复合语句。

3. do…while 结构

do…while 结构的用法与 while 结构类似。

语法：

```
do {
    语句 1;
    语句 2;
    ……
    语句 n;
}while(循环条件);
```

在 do…while 循环中，先执行语句，再判断逻辑表达式的值，若为 true，则执行语句，否则结束循环。

7.7　控 制 关 键 字

1. break

break 语句用于跳出循环。在 switch…case 结构中用到 break，这里是为了防止它们穿透性执行。

2. continue

当执行到 continue 语句时，将结束本次循环而立即测试循环条件，以决定是否进行下次循环。

例 7-8 演示了 JavaScript 循环结构的应用。

【例 7-8】　JavaScript 循环结构的应用实例(其代码见文档 chapter07_08.html)。

在项目中添加 html 文件，代码如下：

```html
<!DOCTYPE html>
<html>
    <head>
        <meta charset="UTF-8">
        <title>循环结构</title>
    </head>

    <body>
    <script type="text/javascript">
        for (var i = 1; i <= 100; i++) {
            document.write(i + " ")
        }
        document.write("<br/><br/>");
        document.write("==============================");
        document.write("<br/><br/>");
        var i = 0;
        var sum = 0;
```

```javascript
        while (i <= 100) {
            if (i % 2 == 0) {
                sum += i;
            }
            i++;
        }
        document.write("0-100 的偶数的和是" + sum);
        document.write("<br/><br/>");
        document.write("===============================");
        document.write("<br/><br/>");
</script>


<script type="text/javascript">
    //打印所有的三位数
    for (i = 100; i < 1000; i++) {
        //获取 i 的百位、十位、个位的数字
        //获取百位数字
        var bai = parseInt(i / 100);
        //获取十位数字
        var shi = parseInt(i / 10 % 10);
        //获取个位数字
        var ge = i % 10;
        //判断 i 是否是水仙花数
        if (bai * bai * bai + shi * shi * shi + ge * ge * ge == i) {
            document.writeln("<br/>");
            document.writeln("100-1000 之间的水仙花数有： " + i);
        }
    }
    document.write("<br/><br/>");
    document.write("===============================");
    document.write("<br/><br/>");
    for (var i = 100; i < 1000; i++) { //循环遍历 100 到 1000
        //判断百位数字与个位数字是否相同
        if (parseInt(i / 100) == parseInt(i % 10)) {
            document.write(i + " ");
        }
    }
    document.write("<br/><br/>");
    document.write("===============================");
```

```
document.write("<br/><br/>");
var EvenNumbers = 0 //偶数
var OddNumber = 0 //奇数
for (var i = 0; i <= 100; i++) {
    if (i % 2 == 1) {
        OddNumber = OddNumber + i;
    } else if (i % 2 == 0) {
        EvenNumbers = EvenNumbers + i
    }
}
document.writeln("1-100 之间的奇数和： " + OddNumber);
document.write("<br/>");
document.writeln("1-100 之间的偶数和： " + EvenNumbers);

document.write("<br /><br />");
document.write("===============================");
document.write("<br /><br />");
</script>
<script type="text/javascript">
for (var i = 1; i <= 10; i++) {
    if (i == 3) {
        document.write("我脚崴着了，退出!<br />");
        //跳出循环
        //break;
        continue;
    }
    document.write("我跑到" + i + "圈");
    document.write("<br />");
}
</script>
</body>
</html>
```

上面案例读者可以运行演示结果，对照分析 JavaScript 循环结构的特点。

7.8　使用 JavaScript 函数

　　函数为程序设计人员提供了一个非常方便的工作方式。通常在进行一个复杂的程序设计时，总是根据所要完成的功能，将程序划分为一些相对独立的部分，每部分编写一个函数。从而使各部分充分独立，任务单一，程序清晰，易懂、易读、易维护。JavaScript 函数可以封装那些在程序中可能要多次用到的模块，并可作为事件驱动的结果而调用的程序。

JavaScript 函数

7.8.1 函数的定义

JavaScript 中，定义函数的关键字为 function。
语法：

```
function 函数名(参数 1, 参数 2……){
    语句块;
    [return 返回值;]
}
```

说明：

(1) 函数名：必选，用于指定函数名，在同一个页面中，函数名必须是唯一的，并且要区分大小写。

(2) 参数：可选，用于指定参数列表。当使用多个参数时，参数间使用逗号进行分隔。

(3) 语句：必选，是函数体，是用于实现函数功能的语句。

(4) 返回值：可选，可用于返回函数值。返回值可以是任意的表达式、变量或常量。

注意：JavaScript 对大小写十分敏感，所以这里的 function 必须小写。函数调用时，也必须按照函数的相同名称来调用函数。

7.8.2 函数的调用

函数定义好之后，并不能自动执行，需要在特定的位置调用函数才能执行这个函数。函数可以在<script>标签内调用，也可以在 HTML 文件中调用。

1. 在<script>标签内调用

在<script>标签内调用函数的方式如图 7-10 所示。

```
<script type="text/javascript">
function demo(){
    var a1=20;
    var a2=23;
    var sum=a1+a2;
    alert(sum);
    }
//在JavaScript中直接调用函数
demo();
</script>
```

图 7-10 在<script>标签内调用函数

2. 在 HTML 文件中调用

在 HTML 文件中调用函数方式如图 7-11 所示。

```
<script type="text/javascript">
function demo(){
    var a1=20;
    var a2=23;
    var sum=a1+a2;
    alert(sum);
}
</script>
<form>
    <input type="button" value="按钮" onclick="demo()"/>
</form>
```

图 7-11　在 HTML 文件中调用函数

例 7-9 演示了 JavaScript 函数的应用。

【例 7-9】　JavaScript 函数的应用实例(其代码见文档 chapter07_09.html)。

本例代码如下：

```
<!DOCTYPE html>
<html>
  <head>
    <meta charset="utf-8" />
    <title>函数定义</title>
  </head>
  <body>
    <script type="text/javascript">
        //在 JavaScript 中直接调用函数
        function demo(n1,n2){
            var sum=n1+n2;
            return sum;
        }
        var sums=demo(20,20);
        document.write(sums);
    </script>

    <script type="text/javascript">
```

```
    function demo(){
        var a1=20;
        var a2=23;
        var sum=a1+a2;
        document.write(sum);
    }
    //1. 在 JavaScript 中直接调用函数
    demo();
</script>

<script type="text/javascript">
    function demos(name,age) {
        alert("Hello，我的名字：" +name+",年龄:"+age);
    }
</script>
<br/>
<button onclick="demos('李华',20)">按钮 1</button><br/>
<button onclick="demos('春天',18)">按钮 2</button><br/>

<p id="pid"></p>
<script type="text/javascript">
    //返回值案例
    function rdemos (a,b) {
        if (a>b) {
            return a+"比较大";
        } else{
            return b+"比较大";
        }
    }
    document.getElementById("pid").innerHTML=rdemos(20,30);
</script>
<h2>大小写转换</h2>
原数据： <input id="old" type="text"/>
<br />
    操作:
<br />
<input type="button" value="转大写" onclick="deal('opper')"/>
<br />
<input type="button" value="转小写" onclick="deal('lower')" />
```

```
        <br />
        新数据：<input id="new" type="text" />

        <script type="text/javascript">
            function deal(opt){
            var str =document.getElementById("old").value;
            switch (opt){
                case 'opper':
                str =str.toUpperCase();
                break;
                case 'lower':
                str=str.toLowerCase();
                break;
            }
            document.getElementById('new').value=str;
            }
        </script>
    </body>
</html>
```

上面案例读者可以运行演示结果，对照分析 JavaScript 函数的特点。

7.9　综合案例

下面通过综合案例，来进一步深入讲解本章涉及的知识点与技术点。在网页中，设计制作一个表格，通过选择 **全选**□ 的状态来控制表格中所有记录全部选中，或者全部取消选中。单击"计算平均分"，调用 JavaScrip 的自定义函数，遍历选中的记录，计算平均分。案例代码如例 7-10 所示，页面效果如图 7-12 所示。

【例 7-10】　综合案例(其代码见文档 chapter07_10.html)。

本例代码如下：

```
<!DOCTYPE html>
<html>
    <head>
        <meta charset="UTF-8">
        <title></title>
        <style type="text/css">
            table{
                border: 1px solid #000;
                width: 400px;
```

```
            }
        </style>
        <script type="text/javascript">
            function change(){
                //获取 id="checkbox_all"的 checkbox
                var all = document.getElementById("checkbox_all");
                //获取所有 name="personid"的 checkbox
                var cb = document.getElementsByName("personid");
                //判断全选按钮是否被选中
                if(all.checked){
                    //循环遍历元素
                    for(var i = 0; i < cb.length; i++){
                        cb[i].checked = true;
                    }
                }else{
                    for(var i = 0; i < cb.length; i++){
                        cb[i].checked = false;
                    }
                }
            }
    //计算平均分
    function cal(){
        //获取所有 name="personid"的 checkbox
        var cb = document.getElementsByName("personid");
        //获取所有 name="score"的 td
        var scores = document.getElementsByName("score");
        var sum = 0;//记录总分
        var count = 0;//记录选择的记录数
        //循环遍历复选框
        for(var i = 0; i < cb.length; i++){
            //判断复选框是否被选中
            if(cb[i].checked){
                count++;
                //parseInt 作用是把字符串数据转换成整数
                sum = sum + parseInt(scores[i].innerHTML);
            }
        }
        var avg = sum / count;
        alert("平均分数=" + avg);
    }
```

```
        </script>
    </head>
    <body>
        <table border="1" cellspacing="0" cellpadding="0">
            <tr>
                <th>全选<input type="checkbox" id="checkbox_all" onclick="change()"/></th>
                <th>姓名</th>
                <th>年龄</th>
                <th>成绩</th>
            </tr>
            <tr>
                <td><input type="checkbox" name="personid" /></td>
                <td>太阳</td>
                <td>20</td>
                <td name="score">96</td>
            </tr>
            <tr>
                <td><input type="checkbox"    name="personid"/></td>
                <td>月亮</td>
                <td>19</td>
                <td name="score">94</td>
            </tr>
            <tr>
                <td><input type="checkbox"    name="personid"/></td>
                <td>黑土</td>
                <td>19</td>
                <td name="score">98</td>
            </tr>
            <tr>
                <td><input type="checkbox"    name="personid"/></td>
                <td>白云</td>
                <td>20</td>
                <td name="score">100</td>
            </tr>
        </table>
        <input type="button" value="计算平均分" onclick="cal()"/>
    </body>
</html>
```

运行效果如图 7-12 所示。

图 7-12　JavaScript 基础语法综合案例

本 章 小 结

本章重点介绍了 JavaScript 的概念、用法，重点讲解了 JavaScript 词法结构、运算符、数据类型、变量、常量、控制结构、函数等应用。

习 题 与 实 践

一、选择题

1. 下面四个变量声明语句中，哪一个变量的命名是正确的(　　　)。

A. var while B. var my_house

C. var my dog D. var 2cats

2. 下列 JS 的判断结构中(　　　)是正确的。

A. if(i==0) B. if(i=0) C. if i==0 D. if i=0

3. 表达式 123%7 的计算结果是(　　　)。

A. 2 B. 3 C. 4 D. 5

4. 下列 JavaScript 的循环语句中(　　　)是正确的。

A. if(i<10; i++) B. for(i=0; i<10)

C. for i=1 to 10 D. for(i=0; i<=10; i++)

5. 下列的哪一个表达式将返回 false？(　　　)

A. !(3<=1) B. (4>=4) && (5<=2)

C. ("a"=="a") && ("c"!="d")　　　　D. (2<3)||(3<2)

二、简答题

1. 什么是 === 运算符？

2. JavaScript 中的循环结构都有什么？

3. Javascript 中的 NULL 是什么意思？

4. Javascript 有哪几种数据类型？

三、实践演练

编写函数，并调用函数，在页面中输出如图 7-13 所示的图形。

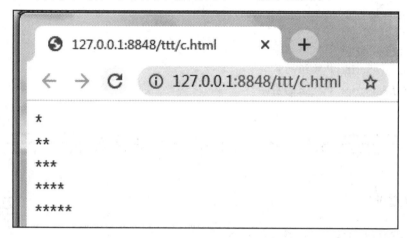

图 7-13　实践演练效果图形

JavaScript 数据结构

 学习目标

✦ 了解 JavaScript 中数组的概念；

✦ 掌握 JavaScript 中数组的定义；

✦ 掌握 JavaScript 中数组的应用。

8.1　JavaScript 数组的使用

8.1.1　数组的定义

JavaScript 数组

1. JavaScript 中数组的概念

JavaScript 中的数组是指存储具有相同数据类型的一个或多个值的集合。由于 JavaScript 是一种弱类型的语言，所以数组中的每个元素的类型可以是不同的。数组元素类型有数字型、字符串型和布尔类型。

JavaScript 中的数组也需要先创建、赋值，再访问数组元素，并通过数组的一些方法和属性对数组进行处理。

2. 创建数组

数组的创建方式如下：

(1) 指定数组长度。语法：

```
var arrs= new   Array(10);   // 规定了数组的长度 10
```

(2) 指定数组元素。语法：

```
var arrs= new   Array("北京", "上海", "广州", "深圳");
```

(3) 创建数组直接量。语法：

```
var arrs= ["123", "true", "false", "JavaScript"];
```

3. 访问数组

数组用同一个名称存储一系列的值，用下标区分数组中的每个值，数组的下标从 0 开始，例如：

已知定义数组的语句 var cars = ["Saab", "Volvo", "BMW"];，则：

```
cars[0] = "Saab";
```

```
cars[1] = "Volvo";
cars[2] = "BMW";
```

存储结构如图 8-1 所示。

Saab	cars[0]
Volvo	cars[1]
BMW	cars[2]

图 8-1　JavaScript 数组的存储结构

例 8-1 演示了 JavaScript 数组的定义和应用。

【例 8-1】　JavaScript 数组的应用实例(其代码见文档 chapter08_01.html)。

本例代码如下：

```html
<!DOCTYPE html>
<html>
    <head>
        <meta charset="utf-8" />
        <title>数组</title>
    </head>
    <body>
        <script type="text/javascript">
            var arrs= new Array(10);
            arrs[0] = "a1";
            arrs[1] = 1;
            alert(arrs[1]);
        </script>
        <script type="text/javascript">
            var arrs= new    Array("北京","上海","广州","深圳");
            alert(arrs[1]);
        </script>
        <script type="text/javascript">
            var arrs= [123,true,"JavaScript"];
            alert(arrs[1]);
        </script>
    </body>
</html>
```

在上面案例中，可以注释不运行的代码，逐个演示运行效果。

8.1.2　数组的应用

数组 Array 对象方法中的常用属性和方法见表 8-1。

表 8-1　数组 Array 对象方法中的常用属性和方法

类　　别	名　　称	描　　述
属性	length	设置或返回数组元素的个数
方法	push()	向数组的末尾添加一个或更多元素，并返回新的长度
	pop()	删除数组的最后一个元素并返回删除的元素
	concat()	连接两个或更多的数组，并返回结果
	shift()	删除并返回数组的第一个元素
	unshift()	向数组的开头添加一个或更多元素，并返回新的长度
	sort()	对数组的元素进行排序
	toString()	把数组转换为字符串，并返回结果
	valueOf()	返回数组对象的原始值
	reverse()	反转数组的元素顺序
	splice()	从数组中添加或删除元素

例 8-2 演示了 JavaScript 数组 Array 对象方法的应用。

【例 8-2】　JavaScript 数组 Array 对象方法的应用实例(其代码见文档 chapter08_02.html)。

本例代码如下：

```html
<!DOCTYPE html>
<html>
    <head>
        <meta charset="utf-8" />
        <title>数组</title>
    </head>
    <body>
        <script type="text/javascript">
            var arrs= ["Java", "C#", "JavaScript"];
            document.write(arrs);
            document.write("<br/>");
            arrs.push("HTML");
            document.write(arrs);
            document.write("<br/>");
            arrs.pop();
            document.write(arrs);
            document.write("<br/>");
            arrs.reverse();
            document.write(arrs);
            document.write("<br/>");
        </script>
```

```
    </body>
  </html>
```

说明：document.write("<br/>");的作用是在页面中换行。

读者可以结合运行效果分析掌握数组 Array 对象方法的用法。

8.2 JavaScript 对象的使用

8.2.1 对象含义

JavaScript 对象

对象的概念首先来自于客观世界的认识，它用于描述客观世界存在的特定实体。

在 JavaScript 中，几乎"所有事物"都是对象，例如：

(1) 布尔是对象(如果用 new 关键词定义)；

(2) 数字是对象(如果用 new 关键词定义)；

(3) 字符串是对象(如果用 new 关键词定义)；

(4) 日期永远都是对象；

(5) 算术永远都是对象；

(6) 正则表达式永远都是对象；

(7) 数组永远都是对象；

(8) 函数永远都是对象；

(9) 对象永远都是对象。

每个对象都包含两方面的内容：属性和方法。其中，对象的属性可被用来访问或者设置，对象的方法可以被调用。

(1) 对象的属性：带有特定的性质，比如图像带有长和宽属性。

语法格式：

```
    对象名.属性名
```

(2) 对象的方法：对象的使用方式，比如通过日期对象获取年、月。

语法格式：

```
    对象名.方法名
```

8.2.2 对象的应用

本节通过一个案例讲解 JavaScript 中对象的应用，见例 8-3。

【例 8-3】 JavaScript 中对象的应用实例(其代码见文档 chapter08_03.html)。

本例代码如下：

```
    <!DOCTYPE html>
    <html>
        <head>
```

```
        <meta charset="utf-8" />
        <title>JavaScript 对象</title>
</head>
<body>
    <script type="text/javascript">
        //直接创建对象
        var people= new Object();
        people.name="Deven";
        people.age="30";
        document.write("name:"+people.name+", age:"+people.age);
        document.write("<br/>");


        //第二种方式
        var people={
            name:"deven",
            age:"30"
        }
        document.write("name:"+people.name+", age:"+people.age);
        document.write("<br/>");
        //通过函数来定义对象实例
        //传递参数  --属性
        function people(name, age){
            this.name=name;
            this.age=age;
        }
        var son=new people("devens",33);
        document.write(son.name);
        document.write("<br/>");
        document.write(son.age);
        document.write("<br/>");
    </script>


    <!--字符串对象-->
    <script type="text/javascript">
        var str="Hello World";
        document.write("字符串的长度是: " + str.length);
        document.write("<br/>");
        //查找字符串是否存在,
        //如果存在就返回字符串的位置, 如果不存在结果就为-1
```

```
        document.write(str.indexOf("World"));
        document.write("<br/>");
        document.write(str.indexOf("Worldss"));
        document.write("<br/>");
        //math 匹配内容。如果内容匹配则显示内容，如果不匹配则显示 null
        document.write(str.match("World"));
        document.write("<br/>");
        //替换数值，注意参数一定要正确。
        //第一个参数是字符串本来的参数，第二个就是替换的参数。
        document.write(str.replace("World", "你好"));
        document.write("<br/>");
        //字符串大小写转换：toUpperCase() /toLowerCase()
        document.write(str.toUpperCase());
        document.write("<br/>");
        document.write(str.toLowerCase());
        document.write("<br/>");
        //转换为数组
        var str2="hello, world, zhongguo";
        //分隔符
        var s=str2.split(",");
        //数组是以下标 0 开始的
        document.write(s[1])
    </script>
  </body>
</html>
```

本案例演示自定义对象、应用对象的用法以及字符串对象的用法。

8.3 综合案例

下面通过一个综合案例来进一步深入讲解本章所涉及的知识点与技术点。在一个页面中，显示三个下拉列表，分别对应省份、市、区；选择某个省份，控制市、区信息；选择市信息，控制区的信息。案例代码如例 8-4 所示，其运行效果如图 8-2 所示。

【例 8-4】 综合案例(其代码见文档 chapter08_04.html)。

在项目中添加 html 文件，代码如下：

```
<!DOCTYPE html>
<html>
    <head>
```

```html
    <meta charset="UTF-8">
    <title>习题</title>
</head>
<body>
    <select id="province">
        <option value="-1">请选择</option>
    </select>
    <select id="city">
        <option value="-1">请选择</option>
    </select>
    <select id="country">
        <option value="-1">请选择</option>
    </select>

    <script type="text/javascript">
        var provinceArr=['上海', '江苏', '河北']
        var cityArr=[
                        ['上海市'],
                        ['苏州市', '南京市', '扬州市'],
                        ['石家庄', '秦皇岛' ' , '张家口']
                    ];
        //区域数组
        var countryArr=[
                        [
                            ['黄浦区', '静安区', '长宁区', '浦东区']
                        ],
                        [
                            ['虎丘区', '吴中区', '相城区', '姑苏区', '吴江区'],
                            ['玄武区', '秦淮区', '建邺区', '鼓楼区', '浦江口'],
                            ['邢江区', '广陵区', '江都区']
                        ],
                        [
                            ['长安区', '桥西区', '新华区'],
                            ['海港区', '山海关区', '抚宁区', '北戴河区'],
                            ['桥东区', '桥西区', '宣化区', '下花园区']
                        ]
                    ];

        function createOption(obj, data) {
```

```
        for (var i in data) {
            //创建下拉菜单
            var op=new Option(data[i], i);
            //将选项添加到下拉菜单中
            obj.options.add(op);
        }
    }
    //获得省份元素对象
    var province =document.getElementById('province');
    createOption(province,provinceArr);
    //获取城市下拉菜单的元素对象
    var city=document.getElementById('city');
    //为省份下拉列表添加事件
    province.onchange=function () {
        //清空 city 下的所有原有 option
        city.options.length=0;
        createOption(city,cityArr[province.value]);
        //新增的代码，修改省份更新区域的下拉菜单
        if (province.value >= 0) {
            city.onchange();
        }else{
            country.options.length=0;
        }
    }
    var country=document.getElementById('country');
    city.onchange=function(){
        country.options.length=0; createOption(country,countryArr[province.value][city.value]);
    }
    </script>
</body>
</html>
```

说明：本案例 html 和 JavaScript 的代码是写在一起的，请注意区分细节。

图 8-2　JavaScript 数据结构综合案例

本 章 小 结

本章重点介绍了 JavaScript 中数组的概念、定义、应用，以及 JavaScript 中对象的应用。

习 题 与 实 践

一、选择题

1. 以下数组的定义中( )是错误的。

A. var a = new Array();　　　　　　B. var a = new Array(10);

C. var a[10] = {1, 2, 3};　　　　　　D. var a = ["1", "2", "3"];

2. 下列语句不能用于遍历数组的是( )。

A. for　　　　　B. for…in　　　　　C. while　　　　　D. if

3. 下列方法中不能用于添加数组元素的是( )。

A. unshift()　　　B. push()　　　C. shift()　　　D. splice()

4. Math 对象的原型对象是( )。

A. Math.prototype　　　　　　B. Function.prototype

C. Object　　　　　　D. Object.prototype

二、简答题

1. 如何定义数组？

2. 数组的常用方法有哪些？

3. 简述在 JavaScript 中，对象的属性和方法所表示的含义。

三、实践演练

参考本章的综合案例，设计开发页面。在页面中设计两个下拉列表，第一个下拉列表中显示专业信息，第二个下拉列表中显示对应专业的班级信息，效果如图 8-3 所示。

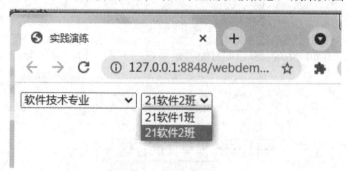

图 8-3　实践演练

JavaScript 事件与 DOM 操作

 学习目标

✦ 了解 JavaScript 事件的概念；
✦ 掌握 JavaScript 事件的应用；
✦ 了解 DOM、DOM HTML 节点树的概念；
✦ 掌握 JavaScript 对 DOM 进行操作的方法。

9.1 应用 JavaScript 事件

9.1.1 事件概述

事件是一些可以通过脚本响应的页面事件。就是当用户按下鼠标键或者提交一个表单时，事件就会处理。

网页中的每个元素都可以产生某些可以触发 JavaScript 函数的事件。比方说，我们可以在用户点击某按钮时产生一个 onClick 事件来触发某个函数。常用的事件如表 9-1 所示。

JavaScript 事件

表 9-1 常 用 事 件

	事　件	说　明
鼠标键盘事件	onclick	鼠标单击时触发此事件
	ondblclick	鼠标双击时触发此事件
	onmousedown	按下鼠标时触发此事件
	onmouseup	鼠标按下后松开鼠标时触发此事件
	onmouseover	当鼠标移动到某对象范围的上方时触发此事件
	onmousemove	鼠标移动时触发此事件
	onmouseout	当鼠标离开某对象范围时触发此事件
	onkeypress	当键盘上的某个键被按下后松开时触发此事件
	onkeydown	当键盘上某个按键被按下时触发此事件
	onkeyup	当键盘上某个按键被按下后松开时触发此事件

续表

	事　　件	说　　明
页面相关事件	onabort	图片在下载时被用户中断时触发此事件
	onbeforeunload	当前页面的内容将要被改变时触发此事件
	onerror	出现错误时触发此事件
	onload	页面内容完成时触发此事件(也就是页面加载事件)
	onresize	当浏览器的窗口大小被改变时触发此事件
	onunload	当前页面将被改变时触发此事件
表单相关事件	onblur	当前元素失去焦点时触发此事件
	onchange	当前元素失去焦点并且元素的内容发生改变时触发此事件
	onfocus	当某个元素获得焦点时触发此事件
	onreset	当表单中 RESET 的属性被激活时触发此事件
	onsubmit	一个表单被递交时触发此事件
编辑事件	oncopy	当页面当前的被选择内容被复制后触发此事件
	onselect	当文本内容被选择时触发此事件
	ondrag	当某个对象被拖动时触发此事件(活动事件)
	ondrop	在一个拖动过程中，释放鼠标键时触发此事件

事件调用分为 HTML 调用和 JavaScript 调用。

(1) HTML 调用：在 HTML 标签中添加相应的事件并指定要执行的代码或函数名。

(2) JavaScript 调用：在 JavaScript 中调用事件处理程序，首先需要获得要处理对象的引用，然后将要执行的处理函数赋值给对应的事件。在 JavaScript 代码中(即<script>标签内)绑定事件可以使 JavaScript 代码与 HTML 标签分离，文档结构清晰，便于管理和开发。

9.1.2　事件的应用

下面将通过实例讲解 JavaScript 事件的应用，见例 9-1。

【例 9-1】　事件的应用实例(其代码见文档 chapter09_01.html)。

本例代码如下：

```html
<!DOCTYPE html>
<html>
    <head>
        <meta charset="utf-8">
        <title></title>
    </head>
```

```
<body>
<input type="button" value="保存 1" onclick="alert('单击保存按钮 1.');">
    <input id="btnid" type="button" value="保存 2" >
</body>
<script type="text/javascript">
    var saves=document.getElementById("btnid");
    saves.onclick=function(){
        alert("单击保存按钮 2。");
    }
</script>
</html>
```

该案例的效果是单击按钮时弹出提示消息框，如图 9-1 所示。

图 9-1　单击按钮弹出提示消息框

例 9-2 演示了 JavaScript 事件中的获取焦点、失去焦点事件的应用。

【例 9-2】　JavaScript 事件中的获取焦点、失去焦点事件的应用实例(其代码见文档 chapter09_02.html)。

本例代码如下：

```
<!DOCTYPE html>
<html>
    <head>
        <meta charset="utf-8" />
        <title>JavaScript 事件</title>
    </head>
    <body>
        <table border="0" align="center" width="337" height="204">
            <tr>
            <td width="108">用户名</td>
```

```
                <td width="213">
                <form name="form1" method="post" action="">
                    <input type="text" name="texfield"
                        onfocus="txfocus()" onblur="txblur()" />
                    </form>
            </td>
        </tr>
        <tr>
            <td>密码：</td>
                <td><form name="form2" method="post" action="">
                    <input type="text" name="texfield2"
                        onfocus="txfocus()" onblur="txblur()"/>
                    </form></td>
                </td>
        </tr>
        <tr>
                <td>真实姓名：</td>
                <td><form name="form3" method="post" action="">
                    <input type="text" name="texfield3"
                        onfocus="txfocus()" onblur="txblur()" />
            </form></td>
                </td>
        </tr>
        <tr>
            <td>性别：</td>
            <td><form name="form4" method="post" action="">
                <input type="text" name="texfield4"
                    onfocus="txfocus()" onblur="txblur()" />
                </form></td>
                </td>
        </tr>
        <tr>
                <td>邮箱：</td>
                <td><form name="form5" method="post" action="">
                    <input type="text" name="texfield5"
                    onfocus="txfocus()" onblur="txblur()" />
                </form></td>
                </td>
        </tr>
```

```
        </table>
        <script type="text/javascript">
        //获取当前元素焦点
        function txfocus(event){
            var e=window.event;
            //获取当前对象的名称
            var obj=e.srcElement;
            obj.style.background="blue";
         }
        //失去当前元素焦点
        function txblur(event){
            var e=window.event;
            //获取当前对象的名称
            var obj=e.srcElement;
            obj.style.background="white";
         }
        </script>
    </body>
</html>
```

该案例的效果是元素获取焦点时，背景变成蓝色；元素失去焦点时，背景变成白色，如图 9-2 所示。

图 9-2　获取焦点、失去焦点事件的应用

例 9-3 演示了 JavaScript 事件中 onchange 事件的应用。

【例 9-3】　JavaScript 事件中 onchange 事件的应用实例(其代码见文档 chapter09_03.html)。本例代码如下：

```
<!DOCTYPE html>
<html>
    <head>
```

```
        <meta charset="UTF-8">
        <title>失去焦点事件</title>
    </head>
    <body>
        <form name="form1" method="post">
            <input type="text" name="texfield"
                value="JavaScript 事件"/>
            <select name="menul" onchange="fcolor()">
                <option value="black">黑</option>
                <option value="yellow">黄</option>
                <option value="blue">蓝</option>
                <option value="green">绿</option>
                <option value="red">红</option>
                <option value="purple">紫</option>
            </select>
        </form>
        <script type="text/javascript">
            function fcolor () {
                //获取事件对象
                var e=window.event;
                var obj=e.srcElement;
                form1.texfield.style.color =obj.options[obj.selectedIndex].value;
            }
        </script>
    </body>
</html>
```

该案例的效果是选择下拉列表中某一种颜色，左侧元素中的文本会变成对应的颜色，如图 9-3 所示。

图 9-3　onchange 事件的应用

例 9-4 演示了 JavaScript 事件中鼠标事件的应用。

【例 9-4】　JavaScript 事件中鼠标事件的应用实例(其代码见文档 chapter09_04.html)。
本例代码如下：

```
<!DOCTYPE html>
<html>
    <head>
        <meta charset="UTF-8">
        <title>页面事件</title>
    </head>
    <body>
        <img src="img/01.jpg" name="img1"
            onload="blowup()" onmouseout="blowup()"
            onmouseover="reduce()" width="200" height="200"/>
        <script language="JavaScript">
        var h=img1.height;
        var w=img1.width;
        function blowup() {
            if (img1.height>=h) {
                img1.height=h-100;
                img1.width=w-100;
            }
        }
        function reduce() {
            if (img1.height<h) {
                img1.height=h;
                img1.width=w;
            }
        }
        </script>
    </body>
</html>
```

该案例的效果是当鼠标不在图片范围内时，图片的长度和宽度减少 100 px；当鼠标移动进入图片范围内时图片的长度和宽度恢复正常大小。

9.2　应用 JavaScript 操作 DOM

9.2.1　文档对象模型的概念

DOM(document object model)：文档对象模型。

DOM HTML 节点树：为操作 HTML 文档提供的属性和方法，其中文档表示 HTML 文件，文档中的标签称为元素，将文档中的所有内

JavaScript 操作 DOM

容称为节点。因此，一个 HTML 文件可以看到所有元素组成的一个节点树。根据 W3C 的 HTMLDOM 标准，HTML 文档中的所有内容都是节点(如图 9-4 所示)。

(1) 整个文档是一个文档节点。

(2) 每个 HTML 元素是元素节点。

(3) HTML 元素内的文本是文本节点。

(4) 每个 HTML 属性是属性节点。

(5) 每个注释是注释节点。

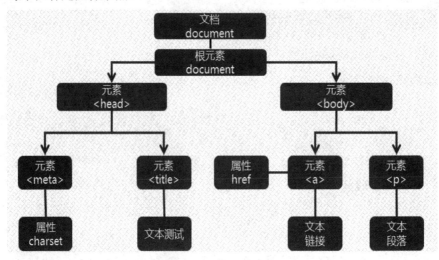

图 9-4　文档对象模型

DOM 节点对象主要包括以下几方面内容。

(1) 根节点：<html>标签是整个文档的根节点，有且只有一个。

(2) 子节点：一个节点的下级节点，例如<head>和<body>节点是<html>节点的子节点。

(3) 父节点：某一个节点的上级节点，例如<html>元素是<head>和<body>的父节点。

(4) 兄弟节点：两个节点属于一个父节点，例如<head>和<body>互为兄弟节点。

通过 HTML DOM，节点树中的所有节点都可以通过 JS 进行访问。所有 HTML 元素(节点)均可被修改。

DOM 操作的四种基本方法是：getElementById()；getElementsByTagname()；getAttribute()；setAttribute()。

详细说明如下：

1. getElementById()

参数：元素的 ID 值(元素节点简称元素)。

返回值：一个有指定 ID 的元素对象(元素是对象)。

说明：这个方法与 document 对象相关联，只能由 document 对象调用。

用法：document.getElementById(Id)。

2. getElementsByTagName()

参数：元素名。

返回值：一个对象数组。这个数组里每个元素都是对象，每个对象分别对应着文档里给定标签的一个元素。

说明：这个方法可和一般元素关联。这个方法允许我们把通配符当作它的参数，返回在某份 html 文档里总共有多少个元素节点。

用法：element.getElementsByTagName(TagName)。

3. getAttribute()

参数：元素的某个属性名。

返回值：这个元素属性的属性值。

说明：getAttribute()不能通过 document 对象调用，只能通过元素对象去调用它。

用法：object.getAttribute(Attribute)。

4. setAttribute()

参数：两个参数，分别为：元素的某个属性名、这个元素的新属性值。

返回值：无返回值。

说明：setAttribute()可以对节点的属性值进行修改，只能通过元素节点对象调用。如果元素原来没有这个属性值，则 setAttribute 创建此 attribute，然后再赋新值；如果已存在此属性，则对原来的值进行覆盖。

用法：element.setAttribute(attribute,value)。

注意：通过 setAttribute()方法对文档作出的改变，并不能反映到源代码中，也就是说，源代码中属性值仍旧是原来的属性值。这种"表里不一"的现象缘于 DOM 的工作模式：先加载文档的静态内容，再以动态方式对它们进行刷新，动态刷新不改变文档的静态内容，而对页面内容的刷新，不需要用户在他们的浏览器里执行刷新操作就可以实现。

HTML DOM 节点的属性主要包括以下几方面：

(1) parentNode：返回节点的父节点；

(2) childNodes：返回子节点集合，如 childNodes[i]；

(3) firstChild：返回节点的第一个子节点，最普遍的用法是访问该元素的文本节点；

(4) lastChild：返回节点的最后一个子节点；

(5) nextSibling：下一个节点；

(6) previousSibling：上一个节点。

9.2.2　JavaScript DOM 操作

下面将通过实例讲解 JavaScript DOM 的应用，见例 9-5。

【例 9-5】　JavaScript DOM 的应用实例(其代码见文档 chapter09_05.html)。

本例代码如下：

```
<!DOCTYPE html>
<html>
  <head>
    <meta charset="UTF-8">
    <title>DOM</title>
  </head>
```

```
<body>
    显示点击节点的内容：
    <span id="pid">段落</span>
    <ul id="ul">
        <li>HTML</li>
        <li>CSS</li>
        <li>JS</li>
        <li>DOM</li>
    </ul>
    <script type="text/javascript">
        //根据 id 获取 ul 的元素对象
        var ul = document.getElementById('ul');
        //获取 ul 中 li 元素对象
        var lis = ul.getElementsByTagName("li");
        //查看 li 所有的节点
        for (i = 0; i < lis.length; i++) {
            //在控制台中输出文本信息
            console.log(lis[i].innerText);
            //给每个节点添加事件
            lis[i].onclick = function() {
                document.getElementById('pid').innerHTML = this.innerHTML;
                this.innerHTML = this.innerHTML + "-单击测试";
            };
        }
    </script>
</body>
</html>
```

该案例的效果是在 JavaScript 中分析 DOM 文档对象，并给列表项添加 onclick 事件。

9.3 综 合 案 例

下面通过综合案例，来进一步深入讲解本章所涉及的知识点与技术点。本案例使用表单元素设计制作一个信息提交页面，当用户单击"提交"按钮时，验证表单元素中的信息不能为空，否则不能提交。如果信息完整，则允许正常提交。案例代码如例 9-6 所示，页面效果如图 9-5 所示。

【例 9-6】 综合案例(其代码见文档 chapter09_06.html)。

本例代码如下：

```
<!DOCTYPE html>
```

```html
<html>
    <head>
        <meta charset="UTF-8">
        <title>表单提交事件</title>
    </head>
    <body>
        <table width="487" height="333" border="0" align="center"
            cellspacing="0" cellpadding="0">
        <tr>
            <td align="center">
                <br />
                <br />
                <br />
                <br />
                <br />
                <table width="85%" align="center" cellpadding="2"    bgcolor="#6699CC" cellspacing="1">
                <form name="form1" onreset="return allReset()"    onsubmit="return allSubmit()">
                    <tr bgcolor="#FFFFFF">
                    <td height="22" align="right">
                        所属类别：
                    </td>
                    <td height="22" align="left">
                    <select name="txt1" id="txt1">
                        <option value="数码设备">
                        数码设备
                        </option>
                        <option value="家用电器">
                        家用电器
                        </option>
                        <option value="礼品工艺">
                        礼品工艺
                        </option>
                    </select>
                    <select name="txt2" id="txt2">
                        <option value="数码相机">
                        数码相机
                        </option>
                        <option value="打印机">
                        打印机
```

```
            </option>
        </select></td>
    </tr>
    <tr bgcolor="#FFFFFF">
        <td height="22" align="right">
        商品名称：
        </td>
        <td height="22" align="left">
            <input type="text" name="txt3" id="txt3" size="30" maxlength="50" />
        </td>
    </tr>
    <tr bgcolor="#FFFFFF">
        <td height="22" align="right">
         市场价格：
        </td>
        <td height="22" align="left">
            <input type="text" name="txt4"
                id="txt4" size="10"/>
            </td>
    </tr>
        <tr bgcolor="#FFFFFF">
            <td height="22" align="right">
            会员价格：
            </td>
            <td height="22" align="left">
                <input type="text" name="txt5"
                id="txt5" size="10" maxlength="50"/>
            </td>
        </tr>
        <tr bgcolor="#FFFFFF">
            <td height="22" align="right">
            商品简介：
            </td>
            <td height="22" align="left">
                <textarea name="text6" id="txt6"
                    rows="4" cols="35">
                </textarea>
            </td>
        </tr>
        <tr bgcolor="#FFFFFF">
```

```
            <td height="22" align="right">
                商品数量:
            </td>
            <td height="22" align="left">
                <input type="text" name="txt7"
                    id="txt7" size="10"/>
                </td>
            </tr>
            <tr bgcolor="#FFFFFF">
                <td height="22" align="center" colspan="2">
                    <input type="submit" name="sub1" id="sub1" value="提交" />
                         
                    <input type="reset" name="reset1"    value="重置" />
                </td>
            </tr>
        </form>
    </table>
</td>
</tr>
</table>
<script type="text/javascript">
    //是否进行重置
    function allReset() {
        if (window.confirm("是否进行重置")) {
            return true;
        } else {
            return false;
        }
    }
    function allSubmit() {
        var t = true;
        var e = window.event;
        var obj = e.Element;
    for (var i = 1; i <= 7; i++) {
        if (eval("txt"+i).value=="") {
            t = false;
            break;
        }
    }
    if (!t) {
```

```
                    alert("提交信息不允许为空");
                }
            return t;
        }
    </script>
</body>
</html>
```

程序运行效果如图 9-5 所示。

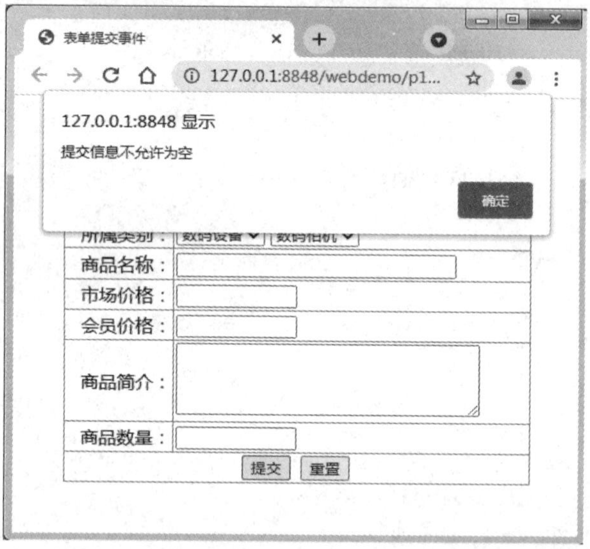

图 9-5　JavaScript 事件综合案例

<hr>

本 章 小 结

本章重点介绍了 JavaScript 事件、DOM、DOM HTML 节点树的概念，以及通过实例讲解事件的应用方法、应用 JavaScript 对 DOM 进行操作的方法等。

习 题 与 实 践

一、选择题

1. 在 JavaScript 中，文本域不支持的事件包括(　　)。

A. onBlur　　　　　　　　　　　B. onLostFocused

C. onFocus　　　　　　　　　　D. onChange

2. 下列事件哪个不是由鼠标触发的事件(　　)。

A. click　　　　B. contextmenu　　　C. mouseout　　　D. keydown

3. 下面有关 JavaScript 常见事件的触发情况，描述错误的是(　　)。

A. onmousedown：某个鼠标按键被按下

B. onkeypress：某个键盘的键被按下或按住

C. onblur：元素获得焦点

D. onchange：用户改变域的内容

4. Javascript 中制作图片代替按钮的提交效果需要用手动提交方法 submit()，以下调用正确的是(　　)。

A. submit()　　　　　　　　　　B. myform.submit()

C. document.myform.submit()　　　D. window.myform.submit()

5. 下列选项中，(　　)不是网页中的事件。

A. onclick　　　　　　　　　　　B. onmouseover

C. onsubmit　　　　　　　　　　D. onpressbutton

二、简答题

1. 列举鼠标事件，并说明含义。

2. Change 事件和 blur 事件有什么区别？

3. Dom 是什么？它有什么作用？

三、实践演练

在页面中设计制作模拟用户登录模块(如图 9-6 所示)，单击"登录"时验证用户名、密码是否为空，以及用户名和密码的长度是否在 6～12 个字符范围内。弹出页面提示框，提示数据验证是否成功。

图 9-6　实践演练

参 考 文 献

[1]   胡晓霞. HTML + CSS + JavaScript 网页设计从入门到精通[M]. 北京：清华大学出版社，2017.

[2]   莫振杰. 从 0 到 1 HTML + CSS + JavaScript 快速上手[M]. 北京：人民邮电出版社，2019.

[3]   工业和信息化部教育与考试中心. Web 前端开发初级(上册)[M]. 北京：电子工业出版社，2019.

[4]   MEYER E A, WEYL E. CSS 权威指南[M]. 安道，译. 北京：中国电力出版社，2019.

[5]   张鑫旭. CSS 选择器世界[M]. 北京：人民邮电出版社，2019.

[6]   明日科技. JavaScript 从入门到精通[M]. 3 版. 北京：清华大学出版社，2019.